자율주행 혁명
Freedom of Mobility
이동의 자유

모빌리티 혁명은 우리 삶을 어떻게 변화시킬 것인가

이 책을 펴내며…

우리는 누구나 이동을 한다. 이동에는 각자의 목적이 있고 각각은 그 목적에 따라 자신이 원하는 수단을 선택한다. 조금 더 편하게 이동하기 위해 우리는 자가용을 소유한다. 그러나 우리는 날이 갈수록 자가용을 운전하여 원하는 시간에 정확한 목적지에 도착해 편리하게 주차를 마무리하는 과정이 더 이상 자유롭지 않은 시대에 살고 있음을 알게 된다. 그렇다고 대중교통을 타고 걷고 갈아타는 과정 역시 그렇게 편한 환경이 아니라는 것은 누구나 인식하고 있다.

여기에서 모빌리티의 혁명이 시작된다. 스마트폰의 보급으로 사람과 자동차, 도로 인프라가 모두 초연결되고, 자율주행 기술과 전기차의 보급이 확대되면서 직접 운전하는 것보다 더 자유롭고 편리하게 이동할 수 있는 환경이 만들어진다.

그렇다면 스마트한 이동을 위한 우리의 선택은 무엇일까? 우리는 어떻게 이동의 자유를 누릴 수 있을까? 변화는 이미 우리 손에 있다. 진정한 이동의 자유를 함께 생각한다.

한솔동 가랑터 하은에서

이야기 이동

I 이동
- 이동과 이동의 자유 ·············· 6
- 이동을 위한 인프라 – 도로 ·············· 11
- 이동수단 – 자동차 ·············· 14
- 이동성 기획 – 교통계획 ·············· 21
- 이동성 향상 – 교통 기술 ·············· 27

II 모빌리티 기술혁명
- 혁명의 시작 – 지능형 교통 체계(ITS) ·············· 34
- 스마트폰과 차량 네트워크 ·············· 38
- 차량과 도로의 초연결성 ·············· 43
- 디지털 인프라 ·············· 47
- 혁명의 완성 – 자율주행 ·············· 54
- 자율주행차의 기능 ·············· 59

III 이동의 자유
- 모빌리티 혁명으로 다가온 3대 기술 트렌드 ·············· 70
- 지능형 자율주행 전기차 ·············· 74
- 도로 자율주행 ·············· 78
- 교차로 통행 ·············· 81
- 자율주행 교통 문화 ·············· 87
- 이용자 중심 모빌리티 ·············· 97
- 이동의 자유를 향해 ·············· 102

IV 미래 모빌리티
- 미래 도시의 변화: 2차원에서 3차원으로 ·············· 112
- 미래 3차원 교통 네트워크 ·············· 117
- 가까운 미래 우리가 누릴 이동의 자유 ·············· 123

- 약어 정리   131
- 참고문헌   133

I
이동

- 이동과 이동의 자유
- 이동을 위한 인프라 – 도로
- 이동수단 – 자동차
- 이동성 기획 – 교통계획
- 이동성 향상 – 교통 기술

이동과 이동의 자유

이 세상에 존재하는 모든 생물은 움직인다. 동물은 먹이를 구하거나 번식을 하기 위해서, 혹은 가족을 형성하거나 집단이 서식하기 위하여 이동한다. 사람은 동물과 달리 사회 구성원으로서의 움직임, 즉 업무, 쇼핑, 문화, 레저 등이 이동의 주요 목적이다.

태초부터 사람들은 위에 열거한 목적에 따라 이동하면서 삶을 영위해 왔다. 그 수단으로 사람은 걷거나 뛰고, 말이나 마차를 탔다. 현대 사회에 들어와서는 차량이나 철도, 선박 및 항공 등을 이동 수단으로 삼았다.

이동의 자유란 무엇인가 경제 형태의 발전과 연계하여 생각해 보자. 원시 시대에 인간은 필요한 물자를 스스로 생산하여 공급하는 **자급자족**의 경제생활을 하였으며 이를 위해 걷거나 뛰어다녔다. 즉, 가족 혹은 부족이 함께 자급자족의 유목 생활을 하면서 먹는 것과 주거 문제를 해결하기 위해 이동을 하였다. 이동의 수단이 주로

자급자족
필요한 물자를 스스로 생산하여 충당함

걷는 것이었기 때문에 원하는 곳이라면 어디든 갈 수 있었지만, 문제는 멀리 가거나 빨리 갈 수 없다는 것이었다. 게다가 부족의 수가 늘어나면서 부족들이 서로에게 필요한 것들을 **물물교환**의 형태로 수급하는 것이 가능해져 이러한 거래를 위한 이동수단이 필요해졌다.

물물교환
돈으로 매매하지 않고 직접 물건과 물건을 바꾸는 일

고대에서 근대로 흘러오면서 인간 사회의 경제 형태는 수요자와 공급자가 상호 물자를 거래하는 교환경제와 화폐경제로 변화해 왔다. 이에 따라 인간은 좀 더 멀리 그리고 좀 더 빨리 이동할 수 있으면서도 더 많은 물건을 한 번에 옮길 수 있는 수단을 강구하게 되었다. 그 결과 말이나 야크, 낙타 등이 이용되기 시작하였다. 이들은 어느 곳이든 제한 없이 갈 수는 없기 때문에 이동의 자유는 다소 떨어지지만 사람이 걷는 것보다는 유리한, 소위 이동성을 확보하게 되었다. 특히 말이 향후 마차로 발전하면서 바퀴가 달린 **구동장치** 기반의 이동체를 두 마리 혹은 네 마리의 말에 달았다. 그럼으로써 여러 사람이 함께 이용할 수 있으면서도, 상당한 양의 물건을 이전보다 훨씬 빠른 속도로 장거리까지 수송할 수 있게 되었다. 그리하여 마차는 현대 이동수단의 모태가 되어 오늘날 이동성의 대표주자인 자동차와 기차를 개발하는 계기를 마련하였다.

구동장치
기계나 계측기 따위의 동력 기구를 움직이는 장치

그러나 사람이 말을 타고 이곳저곳을 다닐 수 있는 것과는 달리 마차와 같이 구동장치가 달린 이동체는 길이라는 형태의 물리적인 공간이 필요하다는 문제가 있었다. 이 때문에 땅을 다지고 돌을 까는 등 일종의 길을 만드는 작업을 하게 되었고, 사람들을 동원하여 노동을

인프라
생산이나 생활의 기반을 형성하는 중요한 구조물

요구하고 그 작업에 시간과 재화를 들이게 되었다. 이 마차길은 이동을 위한 중요한 **인프라**로 자리 잡으면서 오늘날 도로나 철도의 기반을 제공하게 된다. 그렇게 모든 부족들이 서로서로 연결되면서 더욱 빈번하게 마차가 다니게 되었고, 이동 수요는 급격하게 늘기 시작했다. 이러한 이동 수요를 충족시키기 위해서는 새로운 길을 더 많이 만들어야 했고, 기존의 길도 넓혀야 했다.

이와 같이 인프라의 공급이 필요해지면서 이를 위한 노동과 재화는 지속적으로 늘어나게 되었다. 결국 마차가 이동성을 제공하면서 수송 산업을 탄생시키고, 마차길이라는 이동 인프라가 건설 산업을 탄생시키면서 인류 사회에 경제적 부흥을 가져다주게 된다. 그러나 마차는 마차길이 없으면 다닐 수 없다는 근본적인 한계를 가진다. 현시대에 비춰보면 도로가 없으면 자동차가 다닐 수 없고, 철도가 없으면 기차가 다닐 수 없는 것과 같은 개념이다. 이동성과 이동의 자유에 관한 역설적인 비교가 여기에 있다.

> 정리하면 경제 형태가 발전하면서 사람들 간의 상호의존도 및 관계성이 깊어졌고, 사람들은 필요한 시간에 필요한 장소에서 모임과 회의를 통해 경제 행위를 하게 되었다. 그러한 모든 경제활동과 사회활동은 자유롭게 이동할 수 있는 권리가 보장됨으로써 가능해졌다. 이것이 이동의 자유, 즉 Freedom of Mobility의 의미이다.

이동의 자유란 사전적 의미로 개인이 원하는 시간에 원하는 목적지까지 편리한 수단과 방법으로 갈 수 있는 권리라고 규정할 수 있다. 우리나라를 포함한 자유민주주의 국가들은 **헌법**에 명시된 인간의 **자유권** 중에서 이동의 자유를 직접적으로 언급하고 있지는 않다. 그러나 거주 이전의 자유를 규정함으로써 포괄적으로 이동에 대한 자유로운 권리를 부여하고 있다. 공산주의 국가나 사회주의 국가에서 거주이전의 자유에 대한 자유권을 일부 혹은 상당 부분 제한하는 것과 비교된다.

헌법
국가 통치 체제의 기초에 관한 각종 근본 법규의 총체

자유권
국가 권력에 의하여 자유를 제한받지 아니하는 권리

한편, 인도를 포함한 동남아 국가들과 남미, 아프리카를 포함한 저개발 국가에서 이동의 자유에 대한 권리를 보장하고 있는지는 알려져 있지 않다. 그러나 현지를 여행해 본 사람들이라면 누구나 느끼는 공통점이 있다. 바로, 도로와 보행로에 대한 구분이 명확하지 않으며 누구나 자유로운 방법으로 규제 없이 통행하고 있다는 점이다. 그러한 풍경은 이동의 자유가 무한대로 허용된 듯한 느낌을 준다. 사람들은 그 무질서 속에서 역설적으로 진정한 이동의 자유를 발견한다.

이동의 자유를 얻기 위해 사람들은 주로 자가용을 구매하고 소유하여 이용해왔다. 대중교통의 경우 내가 원하는 시간에 출발지점에서 목적지점까지 'Door to Door'

Door to Door
교통공학에서는 일반적으로 교통수단으로의 접근을 위한 추가 통행없이 출발지에서 목적지까지 이루어지는 통행

정시성
일정한 시간 또는 시기

스마트시티
첨단 정보통신기술(ICT)을 이용해 주요 도시의 공공기능을 네트워크화 연결한 도시

로 이동을 제공해 줄 수 없기 때문이다. 그러나 어느 것이 더 진정한 이동의 자유를 보장하는지는 따져볼 일이다.

자가용의 소유는 결국 큰 비용을 지불하게 한다. 구매를 위한 비용, 취득세 및 등록세, 보험료, 유류비, 통행료, 정비·수리비, 주차비 등 그 규모는 지속적으로 늘어만 간다. 또한, 교통 혼잡이 가중되는 도로에서는 이동시간의 **정시성**을 보장받지 못한다. 목적지에 도착해서도 주차 공간이 여의치 않을 경우 자가용을 이용하는 것 자체가 더욱 불편해진다. 이들이 이동의 자유를 저해하는 요소들이다.

반면 대중교통의 경우 목적지까지 바로 도착할 수 없다. 따라서 목적지까지 걷거나 택시를 이용하거나 혹은 우버 서비스와 같은 다른 연결 방법을 찾아야 하는 불편함이 있다. 그러나 버스전용차로 등의 설치로 인해 어느 정도 정시성을 보장받을 수 있다. 게다가 통행에 따른 비용은 택시를 이용하지 않는 이상 훨씬 저렴하다.

정보통신 기술(Information & Communication Technology: ICT)의 발전으로 인해 도시가 사람을 알고 사람이 도시를 알게 되는 **스마트시티** 개념이 전 세계적으로 확산하고 있다. 사람이 한 곳에서 다른 곳으로 이동하기를 원할 때 도시에서 움직이는 교통수단과 교통 인프라의 위치와 이동상황을 정확히 알 수 있고, 동시에 교통수단과 인프라가 해당 이용자의 이동 수요를 알아서 해결해줄 수 있는 시대가 온 것이다.

이동을 위한 인프라 - 도로

현대 사회에서 사람은 출발지점에서 원하는 목적지까지 가기 위해 주로 자동차를 이용한다. **원시시대**부터 사람은 이동할 때 주로 걷거나 말을 타오다가 **중세**에 들어서는 말에 부속물을 붙여 먼 목적지까지 힘을 덜 들이고 쉽게 움직일 수 있도록 마차를 이용했다. 근대에 와서 산업혁명을 거치면서부터는 자동차의 등장으로 사람이 힘을 들이지 않고도 기계의 동력을 이용하여 더 먼 목적지까지 이동할 수 있게 되었다.

말을 탈 때 특별한 길이 없어도 사람이 원하는 방향으로 자유롭게 이동할 수 있었다. 물론 걷는 것보다는 방향 선택에 있어 그 자유도는 다소 떨어진다. 그런데 마차를 이용하기 시작한 때부터 이러한 방향 선택에 대한 자유도는 급격하게 떨어지기 시작하였다. 길이 놓인 방향으로만 마차가 다닐 수 있는 자유가 보장되는 것이다.

원시시대
문화가 아직 발달하지 못한, 유사(有史) 이전의 시대

중세
역사의 시대 구분의 하나로, 우리나라의 경우 고려 건국 초기부터 망하기까지의 시기

> 예를 들어, 2차원 공간 평면상에서 자유도(Degree of Freedom)는 1이다. 이것은 자동차의 경우도 마찬가지이다. 길이 없으면 자동차가 이동할 수 없다. 길, 즉 도로를 놓아야 자동차가 다닐 수 있다.

해저터널
바다 밑을 뚫어 만든 터널. 해협을 횡단하는 철도나 도로로 사용

도로는 땅 위에 건설한다. 하지만 때로는 산을 깎거나 터널을 뚫고 땅을 파서 지하차도를 만들고, 심지어는 강이나 바다를 건너기 위해 다리를 놓거나 **해저터널**을 만들기도 한다. 그러기 위해서는 많은 노동과 자본을 들여야 하고 상당한 시간이 소요된다. 이제는 도로를 놓는 것 자체가 현대 사회에서 하나의 큰 산업 분야로 자리매김한 이유가 여기에 있다. 이와 관련하여 어떻게 하면 가장 안전한 도로를 설계하고, 주어진 자본으로 제한된 노동력을 이용해서 가장 효율적으로 필요한 시간 내에 건설할 수 있을지에 대한 연구를 다루는 학문 분야가 도로공학이다.

도로의 종류 예전에는 주로 도로의 크기, 즉 폭의 넓이에 따라 광로/대로/중로/소로 등으로 단순하게 불렸다. 이제는 도로건설 산업과 도로공학의 학문적인 분류 체계를 밑바탕으로 도로를 건설하고 관리하는 기관이 어디인가에 따라 고속도로(고속국도), 일반국도, 특별(광역)시도, 지방도, 시·군·구도 등으로 나누어진다.

도로의 종류에 따라 이동의 자유가 얼마나 보장되는지는 두 가지 요소를 비교해서 살펴볼 수 있다. 하나는 그 도로에 차량이 아무 데서나 편리하게 연결이 가능한지를 보는 **접근성**(Proximity)이다. 또 하나는 원하는 목적지까지 가능한 한 빠른 시간 내에 이동이 가능한지를 보는

접근성
통행 발생 지역으로부터 특정 지역이나 시설로 접근할 수 있는 가능성

쾌속성, 즉 속력(Velocity)이다. 교통공학에서는 속력 대신 속도(Speed)라는 용어를 쓰지만, 이동의 자유 측면에서는 방향을 고려하기 때문에 **벡터** 개념인 속력을 쓰기로 한다.

고속도로는 아무 데서나 다른 도로와 연결하는 것이 불가능하다. 인터체인지(IC)라고 불리는 분기점에서만 고속도로 진입과 진출이 허용된다. 또한, 100km/h 이상의 빠른 속력 덕분에 장거리 이동에는 유리하지만 극히 제한된 다른 종류의 도로와만 **입체교차**(Grade Separated) 형태로 연결할 수 있다. 그만큼 이동의 자유 중 접근성은 상당히 제한된다. 도로 흐름의 측면에서 보면 고속도로는 주행하는 차량이 방향이 다른 도로에서 접근하는 차량과 섞이지 않는다는 점에서 **연속류**(Uninteruppted Flow) 도로의 대표로 불린다.

일반국도는 고속도로보다 이동을 위한 속력은 떨어지지만, 주변에 있는 다양한 도로와 **평면 교차**(Grade Crossing)가 가능하다. 그로 인해 원하는 지점에의 접근성은 고속도로보다 상당히 높아진다. 그러나 최근 일반국도는 다른 도로의 차량과 상호 간섭이 일어나는 평면 교차를 바탕으로 한 **단속류**(Interupped Flow) 기반의 차량 흐름이 입체교차 기반의 연속류로 변경되고 있어, 속력은 다소 높아지지만 주변 도로와의 접근성이 떨어진다.

도시부 도로들은 다른 도로들과 평면 교차로 도로 간 연결을 통해 원하는 목적지까지 이동하는 접근성이 고속도로나 일반국도보다 훨씬 좋다. 이들은 평면 교차로 인해 정지해야 하는 빈도수가 많아져 속력은 떨어지지만 대신 이동의 자유는 높아진다.

벡터
힘, 속도, 가속도 따위를 이것으로 나타내며 화살표로 표시

입체교차
도로나 선로 따위를 같은 지면 위에서 교차하지 아니하고 위아래로 분리하여 엇갈리게 하는 방식

평면교차
도로나 철도 따위가 같은 평면 위에서 서로 엇갈리는 일

단속류
교통의 흐름이 연속적이지 못하고 신호등 또는 교통통제시설에 의해 단절되는 교통시설

도시부 도로
광역시·도의 지방도 및 시도, 군도

이동수단 – 자동차

우리는 원하는 곳까지 이동하기 위해 자동차를 탄다. 스스로 소유하는 자가용을 이용하든가 혹은 여러 사람이 함께 탈 수 있는 대중교통을 이용한다. 자가용은 본인이 원하는 시간에 스스로가 원하는 도로를 통해 Door to Door로 목적지에 갈 수 있다는 점에서 대중교통과 비교하여 이동성이 높다. 그래서 사람들은 모두 자가용을 소유하기를 원했고 이에 따라 자동차 시장은 급속도로 성장했다. 더불어 관련된 기술과 산업이 동반 상승하여 자동차 시장은 현재 전 세계에서 가장 큰 산업 분야의 하나로 자리매김하면서 수많은 부와 고용 창출을 이끌고 있다.

자가용의 소유가 곧 부를 상징했던 1960~1970년대를 지나, 중산층도 자가용을 탈 수 있는 **마이카** 시대로 들어선 1980~1990년대를 거치면서 현재 우리나라의 자가용 소유는 급격히 늘어나 한 가구당 1대꼴로 접어들었

마이카
개인 전용 자동차를 달리 이르는 말

다. 2020년에는 인구 2명당 1대꼴로 자가용을 보유하여 선진국 수준에 도달할 것으로 예측된다.

자가용은 도로가 있는 곳이라면 어디든 Door to Door로 갈 수 있다. 이처럼 놀라운 편리함을 주는 자가용은 이동에 필요한 비용을 지불해야 한다는 전제조건이 있다. 자가용을 소유하는 데 필요한 세금, 유류비, 통행료, 주차비, 보험료 등이 그것이다. 그러나 최근 여기에 한 가지 비용 요소가 더 들어가기 시작했다. 바로 환경 문제이다. 자가용의 이용은 배기가스로 인한 환경오염을 유발하기 때문에 이제는 더 큰 비용을 지불해야 한다. 그보다 더 큰 문제는 자가용이 있고 비용을 지불할 능력이 있어도 일부 특정 지역에는 들어갈 수 없게 될 가능성이 생겨, Door to Door를 제공했던 자가용의 이동성을 제한하게 되었다는 것이다. 그것은 바로 서울시 등 전 세계 선진국 대도시들이 시행하거나 준비하고 있는 대도심권의 **중심상업지구**(Central Business District: CBD)의 차량 진입 제한을 통한 탄소 제로화 정책 때문이다. **기후변화협약**에 따른 자가용 이용 억제를 위한 대책들이 현실화되어 가면서 이동성과 이동의 자유에 대한 근본적인 의문이 제기되는 이유가 여기에 있다.

차량의 증가는 도시의 도로 및 관련 인프라를 위한 추가 공간의 확보를 필요로 한다. 늘어나는 차량의 수만큼 공간의 확보가 이루어지지 않으면 혼란이 야기된다. 도로 혼잡과 주차공간 부족이 대표적인 문제이다. 도로와 도시 공간의 **포화**가 일어나고, 결국 이동의 자유를 누리기 위해 소유하기 시작한 자동차로 인해 이동의 자유는

중심상업지구
도시 중심부에 있으며, 대형 점포나 전문점 등 상업 점포가 집중하고 있는 지구

기후변화협약
지구의 온난화를 규제·방지하기 위한 국제협약. 정식명칭은 '기후변화에 관한 유엔 기본협약'으로 '리우환경협약'이라고도 함

포화
더 이상의 양을 수용할 수 없이 가득 참

사라지게 된다. 이것이 한때 효과적인 정책으로 평가받던 주택 밀집 지역의 거주자 우선 주차구역 배정이 이제는 공간적 한계에 직면하여 **실효성**이 떨어지게 된 이유이다.

실효성
실제로 효과를 나타내는 성질

여러 목적으로 이동할 때 Door to Door를 위해 서울시 한복판에 자신의 차를 몰고 들어간다고 생각해보자. 가장 먼저 고려해야 할 문제는 자신의 차를 주차할 공간이 있는가이다. 물론 건물마다 주차장이 마련되어 있기는 하지만 여유 있는 주차공간을 찾기는 쉽지 않다. 찾는다고 해도 내 자리를 예약해 둘 수도 없다. 어떤 경우에는 목적지에 다 도착하고 나서도 주차공간을 찾기 위해 5분 혹은 10분 이상을 허비하게 된다. 또 어떤 경우에는 목적지에서 멀리 떨어진 곳에 주차하고 나서 걸어가거나 심지어는 택시를 타기도 한다. 자기 차를 가져온 이유가 없어지는 것이다.

▶ 택시

주차비는 도시에서 차를 몰면서 고려해야 할 또 다른 문제이다. 최근 서울 **도심지**의 주차 비용은 공용주차장의 경우 1시간에 5천 원을 넘어서고 있다. 주차한 후에 두 시간 정도 일을 보고 나오면 1만 원이 넘는다. 뉴욕이나 런던, 파리, 도쿄 등 선진국 도시들과 유사한 수준이

도심지
도시의 구조 중 각종 기관과 고층 건물이 집중된 중심 업무 지구

다. 일부 장소에서는 주차권을 제공하지만 최근에는 그마저 줄어드는 추세이다. 결국 자유를 위해 선택한 자가용으로 인해 시간과 공간 그리고 비용의 모든 측면에서 이동의 자유를 보장받지 못하는 결과가 나타나고 있다.

오래된 경유차의 서울 시내 진입을 최근 서울시에서는 더 이상 허용하지 않는다고 한다. 수년 뒤에는 휘발유 차량도 그 대상이 될 듯하다. **내연기관** 차량들의 배기가스로 인한 지구온난화와 그보다 더욱 민감한 미세먼지의 원인을 해결하기 위함이다. 서울 시내 주차장에 내연기관차 주차금지 표지가 붙을 날이 머지않았다. 차를 세워두고 시내에서 일을 보는 것이 아예 불가능해진다는 말이다. 결국 내연기관차를 타고 도심지에 진입하려면 더 많은 시간과 비용을 감수해야 한다. 그렇게 이동의 자유가 제한된다.

> **내연기관**
> 실린더 속에 연료를 집어넣고 연소 폭발시켜서 생긴 가스의 팽창력으로 피스톤을 움직이게 하는 원동기를 통틀어 이르는 말

> 이런 이유로 최근 전 세계 대도시에서 근무하는 젊은 세대들에게 나타나는 공통적인 현상이 있다. 바로 자가용을 소유하지 않는 것이다.

대형 빌딩들이 밀집한 중심상업지구(Central Business District: CBD)에 취업한 30~40대 **샐러리맨**들을 대상으로 한 설문 조사에서 자가용 소유에 대한 의지가 30% 아래로 급감한 것으로 나타났다고 한다. 그 원인을 살펴보니 차를 소유하는 것 자체가 불편하다는 것이었다. 도심 내에서 차량으로 출퇴근하려면 거의 통행 포기 속도라고 정의된 시속 8km(보행 속도의 2배 수준) 이하의 속도를 감수하면서 인내해야 하고, 주차공간을 찾는 데에도 오히려 걷는 것보다 많은 시간을 허비해야 하기 때문이다.

> **샐러리맨**
> 급여를 받아 생활하는 사람

여기에 그 비용을 더하면 소유와 무소유 어느 쪽을 선택할지에 대한 결론은 자명하다.

우버(Uber)는 그들에게는 자가용을 대체해 줄 아이템이다. 최근 전 세계적으로 확산하고 있는 우버 서비스는 스마트폰 **원클릭**을 통해 운전기사가 마치 비서와 같이 내가 있는 곳으로 찾아와 서비스를 제공해준다. 또한, 자가용처럼 출발지점에서 목적지까지 Door to Door로 수송해 주는 공유교통이다. 우버 서비스는 택시보다 훨씬 편리하고 깨끗하며 저렴하면서도 안전하다. 게다가 목적지점의 주차 가능 여부를 걱정하지 않아도 되는 편리함이 있다. 따라서 자가용을 이용할 때와 비슷하거나 그보다 더 높은 수준의 이동의 자유를 보장한다. 게다가 도심지에 사는 사람들에게는 자신의 차량을 유지하는 비용보다 우버를 이용하는 비용이 훨씬 적게 든다. 그러므로 자가용 통행이 상대적으로 많은 중장거리 이동을 통한 통행 수요에 맞게 기존 대중교통과 우버 서비스 같은 공유교통을 적절하게 연결할 경우, 자가용 이용 통행 수요를 획기적으로 낮추면서 이동의 자유를 보장할 수 있을 것으로 기대된다.

> 이처럼 사람들은 이동의 자유를 저해하는 차량을 소유하고자 하는 욕구를 점차 버리고 있다. 그리고 공유를 통해 이동의 자유를 찾는 방향으로 선회하고 있다. 위에서 설명한 우버로 대표되는 공유 차량 기반의 **카셰어링** 서비스를 이용하는 것이 그 예이다.

카셰어링 서비스는 대표적으로 두 가지의 형태가 있다. 첫 번째, 앞서 언급한 우버형이 있다. 이것은 이용자가 직접 운전하지 않아도 되는 일종의 택시와 같다. 스

우버(Uber)
스마트폰 애플리케이션(앱)으로 승객과 차량을 이어주는 서비스

원클릭
한 번의 선택으로 여러 가지 일이 일괄 처리되는 것

카셰어링
차량을 예약하고 자신의 위치와 가까운 주차장에서 차를 빌린 후 반납하는 제도

마트폰이 발달하여 언제 어디서나 모바일 인터넷이 가능해지면서 나타난 이동 수단 서비스이다. 우버에서 가장 중요한 기술 요소는 정밀 **측위**를 통한 위치 기반 서비스이다. 우버는 누군가 자기가 원하는 **기종점**(O/D) 이동 수요를 요청하면, 자가용으로 움직이고 있는 누구나 이동 수요를 요청한 사람을 목적지까지 데려다줄 수 있다는 아주 쉬운 개념에서부터 출발한 공유 차량 서비스이다. 아쉽게도 우리나라에서는 아직 우버 서비스가 허용되지 않고 있다. 택시사업자가 아니라면 자가용을 이용해서 이동 서비스를 제공하는 영업을 할 수 없기 때문이다. 이러한 이유로 기존 택시를 이용하여 우버 형태를 변형한 서비스인 카카오택시가 등장하였다.

두 번째 형태는 프랑스 등 유럽에서 시작된 **오토리브**(Autolib)이다. 오토리브는 이용자가 직접 운전하는 공유 차량이다. 본래 자전거 공유 서비스인 **벨리브**(Velib)에서 발전하였다. 도심 곳곳에 자전거들이 비치되어 있으며, 이동을 필요로 하는 사람이라면 누구나 자유롭게 출발지 주변에 있는 벨리브 서비스 지점에서 자전거를 빌려 목적지까지 이동할 수 있다. 자전거를 이용한 후에는 주변 벨리브 서비스 지점에 반납하면 된다.

오토리브는 자전거를 일반 차량, 특히 전기차로 바꿔 놓은 것이다. 도심 곳곳에 있는 전기차 충전소에 공유 차량을 배치해 이동을 필요로 하는 사람 누구나 자유롭게 이용할 수 있게 하였다. 이용자는 해당 차량의 충전기를 뽑은 후 직접 차량을 운전해 목적지까지 이동한다. 그 후 충전 플러그를 연결하고 반납하면 된다.

측위
GPS를 사용하거나 무선 네트워크의 기지국 위치를 활용하여 서비스 요청 단말기의 정확한 위치를 파악하는 것

기종범
통행의 출발점과 도착점

오토리브
자동차를 공동으로 구입하여 사용하는 것

벨리브
프랑스의 파리에서 2007년 7월부터 운영하고 있는 무인 자전거 대여 서비스 제도

> 전통적인 렌터카는 이용자가 차량을 하루 혹은 며칠 등 일정 기간 빌린 후 반납할 때까지 자가용처럼 소유하는 개념이었다. 렌터카에서는 주유 및 주차 문제 등 모든 것을 이용자가 책임진다. 반면에 오토리브형 공유 차량은 원웨이 원타임 렌터카로서 전통적인 렌터카와는 완전히 다른 개념의 서비스이다. 물론 운전면허증이 있어야 하고 공식적인 서비스 가입 절차를 통해 이용요금의 지불조건 등을 등록해야 한다.

오토리브 형태의 공유 차량 기반 카셰어링 서비스는 전 세계 주요 도시에서 카투고(Car To Go), 집카(Zip Car), 그랩(GRAP) 등 다양한 명칭을 가지고 급속도로 확대되고 있다. 특히 도시에서 그동안 일반 차량에게 허용하던 도로변 주차장과 일부 공용주차장을 정책적으로 공유 차량 서비스 전용 주차장으로 전환하면서 자가용을 이용하는 사람들의 주차공간을 빼앗아 가고 있기 때문에 공유 차량의 이용 수요가 꾸준히 늘고 있다. 우리나라에서도 '쏘카'와 같이 오토리브와 유사하지만 다소 다른 형태의 공유 차량 서비스가 다양하게 활성화되고 있다.

쏘카
스마트폰 애플리케이션을 통해 카셰어링 서비스를 제공하고 있는 국내 기업

▲ 쏘카

이동성 기획 – 교통계획

　사람은 이동을 한다. 그래야 일을 하고 먹고 마실 수 있으며, 필요한 물건들을 구할 수 있다. 이처럼 이동을 하는 이유를 통행목적(Trip Purpose)이라고 부른다. 그리고 사람들이 어떻게 이동하는지를 파악해서 이동의 편의를 제공하는 방법을 찾아내는 학문이 바로 교통계획(Transportation Planning) 분야이다.

　이동의 편의를 제공하는 방법 이동의 수요가 많이 발생하는 지점을 연결하기 위해 도로나 **철도** 같은 새로운 길을 건설하거나 혹은 이미 있는 기존 도로나 철도의 경로를 바꾸고 확장하는 등 변경을 할 수도 있다. 이렇게 새롭게 건설되거나 변경된 도로에는 자동차가 다니고 철도에는 기차가 다닌다. 모든 사람이 이동 시 자가용을

철도
철제의 궤도를 설치하고, 그 위로 차량을 운전하여 여객과 화물을 운송하는 시설

▼ 지하철

이용할 수는 없기 때문에 많은 사람을 한꺼번에 이동시키기 위해 버스와 지하철 등 대중교통을 제공하는 것도 이동의 편의를 제공하는 방법이다.

통행목적의 분류에는 크게 3가지가 있다. 첫 번째로 집에서 잠을 자고 아침에 일어나면 직장에 일을 하러 가는 것이 업무통행(Home to Work)이다. 두 번째로 사람이 삶을 영위하기 위한 음식이나 생필품을 사려고 시장이나 가게에 가는 통행이 쇼핑통행(Home to Shopping)이다. 세 번째로 주말 혹은 여유 있는 시간에 **여가**를 즐기기 위해 이동하는 것을 여가 통행(Home to Leisure)으로 분류한다.

여가
일이 없어 남는 시간

> 이 외에도 현대인들에게는 다양한 통행목적이 있지만, 계획을 세우는 입장에서 쉽게 이해하기 위하여 주로 이 3가지 범주에 따른다.

월요일부터 금요일까지 주중에는 Home to Work 통행이 가장 많이 발생한다. 그리고 주말에는 Home to Shopping 및 Home to Leisure 통행이 대부분을 차지한다. 한편, 주중에 매일 오전 직장에 출근하고 오후에 퇴근하는 통행 수요가 집중되는 각각 약 2시간씩을 **첨두시간**(Peak Hour)이라 부른다. 주로 오전에는 7시에서 9시 사이, 오후에는 5시에서 7시 사이에 첨두 수요가 발생한다.

첨두시간
하루 중 차량의 도로 점유율이 가장 높은 시간

통행 수요는 모든 사람이 속한 가구별 통행으로 결정되는데, 어디에서 출발(Origin)하고 어디로 가는지(Destination)를 알아야만 파악할 수 있다. 이를 **기종점**(O/D) 분석이라고 한다. 교통계획에서 가장 우선되는 첫 번

기종점
통행의 출발점과 도착점

째 과정이 바로 이 O/D가 어떻게 분포되는지를 알아내서 통행이 발생하는 현상을 찾아내는 통행 발생(Trip Generation)이다. 불과 몇 년 전만 해도 모든 사람 개개인의 O/D를 찾아내는 것은 불가능했다. 그래서 국가에서 5년에 한 번꼴로 가구통행 조사를 해왔다. 마치 인구조사를 하는 것과 유사하다.

> 전체 가구를 다 조사하는 것은 시간과 예산 문제로 불가능하기 때문에 표본조사(Sampling)로 대신한다.

표본조사 지역별로 인구비례에 따른 표본을 추출한 후 조사원들이 직접 가구를 방문해서 설문 조사를 통해 얻은 응답을 통계적으로 분석·처리한다. 가구의 구성원이 몇 명인지, 그중에 몇 명이 주중 혹은 주말에 어떤 목적으로 이동하는지, 이동하는 수단은 주로 승용차인지 아니면 대중교통인지, 이동하는 데 걸리는 거리와 시간 그리고 비용은 얼마인지 등이 가구통행 조사 설문 항목이다. 수집된 응답지는 한국교통연구원에 있는 국가교통데이터베이스 센터(KTDB)에 입력되고 그것을 바탕으로 통행 발생 모형이 만들어진다.

표본조사
모집단의 일부를 표본으로 추출하여 조사한 결과로써 모집단 전체의 성질을 추측하는 통계 조사 방법

통행 배분(Trip Distribution) 이렇게 발생한 모형은 O/D 분석을 통해 교통계획의 다음 단계 절차인 통행 배분에서는 각각 동 단위로 세분된 지역에서 요일별, 시간대별로 몇 명이 움직이는지가 통행 수요로 표시된다.

▼ 국가교통 DB

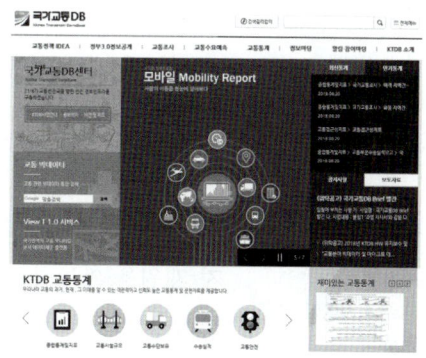

수단 배분 그다음 절차가 바로 수단 배분 혹은 수단 선택(Modal Split or Choice)이 그다음 절차이다. 각 지역 간에 발생하고 배분된 통행 수요가 어떤 수단으로 이동하는지를 예측하는 과정이다. 어떤 사람은 목적지까지 걸어가고, 어떤 사람은 자전거나 승용차를 타고, 어떤 사람은 버스나 지하철 등 대중교통으로 이동한다. 혹은 중간에 다른 수단으로 갈아타는 **환승** 과정을 거친다. 수단 배분 혹은 수단 선택에서는 이러한 내용을 가지고 통계학에서 주로 이용하는 **이항분포**를 통해 예측 모형을 만들어내고 이를 통해 수단별 선택비율을 표시한다. 예를 들면, 주중 Home to Work 통행에 보행 및 자전거 5%, 승용차 40%, 대중교통 55% 이용 등으로 표시한다.

통행량 배분 교통계획의 마지막 절차는 통행량 배분(Traffic Assignment)으로, 위의 세 단계에서 나타난 결과를 기존 도로 및 철도에 노선과 시간대별로 배치하는 과정이다. 이렇게 하면 어떤 도로에 얼마만큼의 통행량이 몰리는지, 그 결과로 인해 도로나 철도에서 시간당 처리할 수 있는 통행량의 **한계치**인 용량(Capacity)을 벗어나는지 여부를 분석하고 어느 정도 예측할 수 있게 된다. 이를 통해 도로나 철도를 확장할지, 아니면 더 많은 버스나 기차를 배정할지, 그렇게 해도 문제가 해결되지 않을 경우 새로운 도로나 철도를 건설하는 것이 타당할지를 연구하고 정책 대안으로 제시한다.

교통계획 과정의 결과는 국가나 지방자치단체에서 투자 **재원**을 확보하는 정책의 기본 근거자료로 이용되어 왔다. 도로나 철도 등 교통 인프라의 확장 및 건설, 대중

환승
다른 노선이나 교통수단으로 갈아탐

이항분포
어떤 시행에서 사건이 일어날 확률을 p, 일어나지 않을 확률을 q라고 할 때, 확률 변수에 대응하는 각각의 확률이 (p+q)n의 전개식의 각 항으로 되어 있는 확률분포

한계치
사물이나 능력, 책임 따위가 실제 작용할 수 있는 범위

재원
재화나 자금이 나올 원천

교통 노선의 신설 및 기존 노선의 확충, 버스터미널 혹은 철도역사 위치 선정 및 건설 등과 관련한 정책이 그 중심이다. 1980년대 이후 우리나라에서도 이러한 교통계획 과정을 밟아 그동안 약 4천여km의 고속도로와 1만여km의 국도 등이 체계적으로 건설될 수 있었다.

도시개발계획은 때때로 통행분포를 예측하는 과정에서 국가나 지방자치단체가 결과적으로 실현되지 못할 무리한 중장기 도시개발계획을 제시하기도 한다. 그로 인해 통행 수요가 과다하게 예측되고, 도시개발 후에 단기적으로 통행량이 발생하지 않은 사례가 나타나 **과잉투자** 논란이 일어나 종종 사회적인 문제가 되기도 한다. 결국 통계적인 예측치로 인한 오류는 언제나 발생하기 때문이다. 도시개발계획이 현실성 있게 반영된 상태에서 교통계획의 모든 절차가 체계적으로 이루어지면 도시민들은 각각 다양한 통행목적에 따라 편리함을 보장받게 된다. 즉, 통행수단의 선택이나 경로 선택에 따라 걸리는 시간과 비용을 판단할 때 훨씬 수월하고 효율적으로 의사결정을 할 수 있게 된다. 그러나 교통계획이 제대로 이루어지지 못할 경우 해당 도시나 시민들이 얻는 이익에 비해 과도한 비용을 **지불**하는 결과가 초래된다.

실패 사례의 한 가지 예로 세종시를 연결하는 **오송역**이 있다. 교통계획에 의한 합리적이고 체계적인 절차에 따라 도시개발을 한 것이 아니라 지역 정서에 입각한 정치적인 요소를 반영하였기 때문이다. 오송역은 세종시로부터 20여km 북쪽에 있으며, 그 주요 기능은 고속

과잉투자
소비가 늘어나는 것에 비하여 투자가 지나치게 많이 이루어지는 일

지불
돈이나 값을 치름

오송역
충청북도 청주시 흥덕구 오송읍 오송가락로 123에 있는 KTX 정차역

▲ BRT

KTX
(Korea Train eXpress)
대한민국에서 운행 중인 초고속열차

세종시
2010년 12월 27일에 공포된 '세종시 설치 등에 관한 특별법'에 따라 충청남도 연기군 전역, 공주시의 일부와 충청북도 청원군의 일부를 흡수하여 2012년 7월 17번째 광역자치단체

철도인 **KTX**를 통해 수도권과 연결되는 **세종시**와 청주시의 통행 수요를 담당하는 것이었다. 그러나 개통 후 발생한 수요는 대부분이 세종시에서 생겨난 통행이었다. 세종시의 수요자들은 새롭게 건설된 연결도로에 승용차 혹은 급행버스(BRT)를 주요 수단으로 선택하였다. 대부분 이용자들은 30분 이상이 걸리는 통행 시간에 맞춰 BRT를 이용하지만, 고속철도 예약시간에 맞춰 도착하기 위해 자가용을 이용하는 수요 역시 지속적으로 늘어나는 추세이다. 결국 오송역 환승주차장 이용률이 거의 100%를 넘어가면서 주변 지역의 불법 주차 문제도 그 심각성을 더해가고 있다. 수도권으로 통행해야 하는 세종시민들이나 세종시로 통행해야 하는 수도권 시민들의 이동 편의성은 매우 열악한 상황이다.

오송역은 이동의 자유를 보장받지 못하는 불편한 사례로 꼽힌다. 이미 발생한 문제를 원점으로 되돌릴 수는 없겠지만 최근 논의 중인 세종역 건설 등과 관련하여 앞으로의 타산지석으로 삼을 만하다. 위와 같은 사례를 예방하기 위하여 교통계획 수립 시 체계적인 절차를 통해 여러 가지 대안을 분석하고 모색할 필요성이 계속해서 제기되고 있다.

◀ KTX

이동성 향상 – 교통 기술

 교통계획을 통해 가장 효율적인 도로를 건설하고 대중교통을 공급하여 최적의 운영을 하더라도 늘어나는 자동차 수요를 따라잡을 수는 없다. 해마다 도로의 혼잡으로 인한 교통 혼잡비용이 계속 늘어가고 있다. 또한, 교통사고로 인한 사회비용도 지속적으로 늘어만 가는 추세이다. 물론 자동차 수요가 늘어나는 만큼 도로 인프라의 공급을 늘리면 해결될 수 있는 문제이지만 도로 건설로 인한 국민 세금의 부담을 이 이상 지울 수도 없는 것이 현실이다. 또한, 최근에는 **사회 기반 인프라**(SOC)에 투자되는 재정 지출이 줄어드는 추세이다.

사회 기반 인프라(SOC)
생산활동과 소비활동을 직간접적으로 지원해 주는 교통시설(도로·항만·공항·철도)과 전기·통신, 상하수도, 댐, 공업단지 등의 시설

▼ 사회 기반 인프라

온실가스
지구 대기를 오염시켜 온실 효과를 일으키는 가스

고령사회
65세 이상 고령인구가 총인구에서 차지하는 비율이 14% 이상인 사회

저해
막아서 못 하도록 해침

사회 기반 인프라의 공급이 수년 전부터 줄어드는 상황에서 교통 혼잡 및 교통사고 문제를 어떻게 하면 더 늘어나지 않게 하고 궁극적으로는 줄일 수 있을지에 대한 정부의 고민이 시작되었다. 그리고 최근 이슈가 되고 있는 기후변화에 대응하기 위하여 전 세계 **온실가스**의 약 사분의 일을 차지하는 교통 부문 배기가스를 줄여 지속 가능한 친환경 교통 체계를 수립할 수 있을지도 검토되었다. 또한, 논의에는 **고령 사회**로의 변화에 대비하여 교통 서비스에 복지교통을 어떻게 적용할지도 포함되었다.

교통물류 관련 기술 연구 개발은 위에서 지적한 문제들을 해결하는 기반을 마련하기 위한 것으로 정부 부처인 국토교통부 주도로 추진되고 있다. 이와 관련한 기술 분야로는 첫째, 교통 혼잡을 해결하기 위한 기술을 개발하는 분야인 첨단교통, 즉 Smart Mobility가 있다. 둘째, 교통사고를 줄이는 기술을 개발하는 분야로 안전교통, 즉 Safe Mobility가 있다. 셋째, 교통환경을 개선하여 기후변화에 대응하는 기술을 개발하는 분야인 청정교통, 즉 Eco Mobility가 있다. 넷째, 고령화 사회에 대응하는 복지교통, 즉 Welfare Mobility가 있다. 이 밖에도 물류, 철도, 항공, 자동차 등이 교통 기술 분야로 분류되고 있다.

첨단교통 기술 분야인 Smart Mobility는 기존에 도로 효율을 **저해**했던 교통 혼잡을 최소화하고 도로용량을 확대하여 궁극적으로 국민에게 막힘없는 도로주행환경을 제공하기 위한 교통/차량/도로/통신 융복합 기반의

체계종합형 시스템 기술이다. 이를 위해 필요한 기술을 도로 특성에 따라 분류하고 적용하여 도시부 도로의 상습적인 지·정체 문제를 해결하고, **간선도로** 등 자동차 전용도로의 용량 증대 및 통행 속도를 향상하고자 하는 중장기 전략이 제시되었다. 도로에서 발생하는 교통정체를 해소하고 도로이용자의 편의를 향상하여, 궁극적으로 도로 네트워크 전체의 용량을 증대시키는 기술을 개발하면 향후 도로의 신설 및 확장 요구를 줄일 수 있을 것으로 예상한다. Smart Mobility는 차량과 도로의 초연결성(V2X)을 기반으로 고속도로에서 신뢰성이 높은 실시간 소통 및 안전 정보를 주고받을 수 있는 스마트 하이웨이를 구현하는 방법을 개발한다. 또한, 도시부 도로에서는 차량이 신호제어기와 정보를 직접 주고받아 차량의 실제 수요에 맞는 신호주기와 녹색 **현시**를 제공하여 혼잡을 줄이는 교통 운영 체계를 확립하는 기술이 개발되고 있다. 더불어, 최근에는 자율주행 차량의 도입에 대비하는 자율협력주행 도로 시스템 기술과 자율주행 차량 안전성을 종합시험하는 시설 및 관련 기술의 개발, 도심지 자율주행 셔틀의 개발 등 매우 비중 있는 과제들이 수년 내에 **실용화**되는 것을 목표로 하여 국가 연구 개발 사업으로 진행되고 있다.

안전교통 기술 분야인 Safe Mobility는 교통이용자, 차량 및 도로 환경의 측면에서 위험 요인과 교통 시스템의 발전에 대응하여 사고 발생을 최소화하고 사고 피해를 경감하여 국민의 안전을 보장하는 교통 체계 기술이다. 교통이용자의 안전 문화 향상을 추구하고 교통안전

간선도로
원줄기가 되는 주요한 도로

현시
열차 또는 차량에 대하여 현재 신호 지시를 나타내 보임

실용화
실제로 쓰거나 쓰게 함

관리 기능을 강화하며, 대형 버스나 트럭 등 고도의 안전성이 요구되는 교통수단의 개발과 함께 안전한 도로 교통 환경을 구현한다. 이를 통해 OECD 수준의 교통안전 선진화를 실현하도록 하는 중장기 목표하에 다양한 기술 개발이 진행되고 있다.

청정교통 기술 분야인 Eco Mobility는 기후변화, 에너지 위기 등 환경 변화에 대응하기 위해 환경친화적 기술과 기존 교통 시스템을 융합하여 저탄소 교통 체계로 탈바꿈하는 기술이다. 특히 도로교통 부문의 온실가스 저감에 직접적으로 기여할 수 있는 교통 시설과 교통수단의 개발과 보급에 힘쓰고, 간접적으로 **저감**할 수 있는 방법인 운영 기술의 도입을 진행한다.

복지교통 기술 분야인 Welfare Mobility는 소득, 거주지역, 신체 상태와 관계없이 국민 누구나 공정하고 편안하게 이용할 수 있는 인간 중심의 교통 서비스를 제공하는 기술을 개발한다. 특히 교통약자의 이동권 보장 및 공공교통 이용에 대한 편의 증진을 위해 교통약자 보행 지원 및 개인형 교통수단을 기술 개발하고, 이를 통해 교통약자에게 일반인 수준에 준하는 교통 서비스를 제공한다. 또한, 농어촌 지역 및 장애인의 교통 수요에 탄력적으로 대응하는 공공교통수단 및 운영 기술을 개발하여 교통취약지역 거주자 및 장애인에게 기본적인 이동권을 제공하여 교통 사각지대를 해소한다.

물류 분야 기술은 화물을 수송하고 **하역**하며 보관 및 포장하는 과정과 물자 유통 과정을 모두 포괄하는 개념이다. 물류 시설과 장비의 성능 향상, 작업환경 개선, 물

류 프로세스 개선을 통해 **물류비용**을 줄이는 기술이다.

철도 분야 기술은 그동안 고속철도 시스템 기술을 통해 철도 차량의 최고속도 향상을 위한 기술에 목표를 두어 오다가 최근에는 철도를 통한 일자리 창출, 세계 선도 기술 확보, 안전 사회 구축을 목표로 철도 차량의 개발보다는 철도 시스템의 운영과 유지 보수 및 친환경 기술 개발에 집중하고 있다.

항공 분야 기술은 항공기 시스템, 항공기 사고 예방, 항행 관제, 공항 운영의 세부적인 분야로 나뉘어 개발이 진행된다. 선진국과 비교하면 민항기 분야에서 항공기 제작 및 정비업 등이 낙후된 현실을 반영하여 향후 국제 경쟁이 가능한 **고부가가치** 중소형 항공기에 대한 개발을 시도하고 있다. 특히 외국에 의존하는 고부가가치 정비 기술의 국산화에 집중하고 있다. 또한, **항행 관제**는 한국형 **위성항법** 연구를 통해 도로 및 철도 등 지상 교통수단과 해운항만교통의 효율적인 운행을 위한 관리를 목적으로 정밀 위치 정보 서비스를 제공하는 GPS 위성 정보 정밀보정 시스템의 개발을 진행 중이다.

자동차안전 및 IT 융합 자동차 분야는 차량과 도로의 초연결성 솔루션을 제공하는 **V2X** 기술을 통해 Smart Mobility 및 Safe Mobility를 지원하여 도로교통 인프라와 자동차를 스마트하게 변화시킨다. 스마트카 및 친환경 차 시장 규모가 매년 급속도로 성장하고 있어 이에 따라 소비자의 요구에 입각한 규제 대응에 대비하고 자율주행 차량의 실용화에 대비하는 것이 강조되고 있다. 가까운 장래에 자율주행 자동차와 같은 첨단 미래형

물류비용
상품이 나와서 소비자에게 팔릴 때까지 드는 운송비, 포장비, 보관비 등의 비용

고부가가치
생산 과정에서 새롭게 부가된 높은 가치

항행 관제
배나 비행기 따위를 타고 항로 또는 궤도를 다니도록 하는 것

위성항법
인공위성을 이용하여 배나 비행기가 항로를 결정하는 방법

GPS(global positioning system)
전 지구적 위치 파악 시스템

V2X
차량과 차량 사이의 무선 통신

▼ 5G

5G
최대속도가 20Gbps에 달하는 이동통신 기술

융복합
서로 다른 업종 간의 결합으로 신기술·신제품·신서비스 등을 개발함으로써 새로운 분야로의 사업화 능력을 높이는 활동

자동차의 운행이 활성화될 것으로 예상되기 때문이다.

빅데이터 분야는 교통 데이터의 수집과 저장, 처리를 위한 기반 기술과 정보를 생성하기 위한 분석 기술을 통해 새로운 산업 영역과 비즈니스 가치를 창출하는 데 집중하고 있다. 빅데이터에 해당하는 주요 추진과제는 국토부의 자율주행 도로와 미래부의 5G 이동통신 등이다. 특히 교통 분야 빅데이터는 빅데이터 자체가 목적이 아니라, 빅데이터를 지식화하고 그 내용을 기반으로 교통 체계의 효율성을 향상하기 위한 의사결정 도구라고 할 수 있다. 이를 위해 동적 자원 관리를 통한 시스템 성능의 극대화, 이종 빅데이터 간의 융합, 빅데이터 분석 역량 개발, 데이터 품질 개선 및 최적화 기술 개발에 초점을 두고 있다.

교통물류 기술은 국토교통부를 중심으로 과학기술정보통신부 및 산업통상자원부 등 각 부처에서 ICT와의 **융복합**을 통해 우리나라의 새로운 성장동력을 견인하는 신산업 분야로 추진되고 있다.

II
모빌리티 기술 혁명

- 혁명의 시작 – 지능형 교통 체계(ITS)
- 스마트폰과 차량 네트워크
- 차량과 도로의 초연결성
- 디지털 인프라
- 혁명의 완성 – 자율주행
- 자율주행차의 기능

혁명의 시작 – 지능형 교통 체계(ITS)

지능형 교통 체계(Intelligent Transport Systems: ITS)는 1990년대 후반부터 기존 도로교통에 정보통신 기술(ICT)를 접목해서 날로 심각해져 가는 교통 혼잡을 완화하고 교통사고를 줄이는 대안으로 제시되었다. 그러면서 우리나라를 포함한 전 세계 주요 도시에 본격적으로 도입되기 시작했다.

ITS의 기본 기능 도로에 초고속 정보 전송이 가능한 **광통신**선을 **매설**하고 이를 도로 관리 기관이나 시청 등에 구축한 교통 정보 센터에 연결하여 모든 도로 데이터가 직접 센터로 수집되도록 한다. 이와 동시에 센터에서 가공된 정보는 다시 광통신선을 타고 도로 곳곳에 설치된 정보 표시장치를 통해 운전자들에게 전달된다. 이것이 ITS의 가장 기본적인 기능이다. 도로에 통행하는 차량의 수량과 속도 및 점유율 등 교통류 데이터를 얻기 위해 차로마다 일정 간격으로 **루프 검지기**를 매설하고,

광통신
영상, 음성, 데이터 따위의 전기 신호를 빛의 신호로 바꾸어 보내는 통신

매설
땅속에 파묻어 설치

루프 검지기
도로에 동축선을 매설하여 차량의 유무, 속도, 크기 등을 검지하는 장치

폐쇄회로TV(CCTV)를 설치하여 센터로 들어오는 영상을 통해 도로 상황을 눈으로 직접 관측할 수 있게 한다. 이를 기반으로 교통사고 등 돌발상황이 관측되거나 **정체** 현상이 있을 경우 즉각 대처하도록 한다.

▲ 폐쇄회로

ITS가 제공하는 서비스는 대표적으로 7개 대분야가 있고 그 안에 여러 가지 단위 서비스를 구성한다. 교통 관리 **최적화** 서비스 분야에는 교통량, 운행 속도 등 실시간 교통 정보를 수집하여 제공하고 교통 시설을 자동제어함으로써 교통 흐름을 최적화하는 교통류 관리 서비스가 있다. 이를 비롯하여 교통사고, 차량 고장, 도로 공사 등 비정상적 교통상황에 관한 정보를 실시간으로 수집하고 체계적으로 대응하는 돌발 상황 관리 서비스 등이 있다.

전자 지불처리 서비스 분야에는 유료도로통행료 혹은 혼잡통행료 등 통행요금을 주행상태에서 자동으로 지불하는 통행료 전자 지불 서비스가 있다. 아울러 시내버스, 지하철, 택시 등 대중교통요금과 주차요금 등 교통편의 시설 이용요금을 자동으로 지불하는 요금 전자 지불 서비스가 대표적이다.

교통 정보 유통 활성화 서비스 분야에는 ITS 시스템이 일반적으로 수집하는 교통 정보를 일반 교통이용자에게 제공하는 기본 교통 정보제공 서비스와 기본 교통 정보를 타 시스템 및 부가 사업자에게 제공하는 교통 정보 관리 **연계** 서비스가 있다.

여행자 정보 고급화 서비스 분야에는 차량 및 차량여행

폐쇄회로
하나의 회로를 보낸 후에 다음 부호를 보낼 동안 선로에 전류를 연속적으로 흐르게 하는 회로

정체
사물이 발전하거나 나아가지 못하고 한 자리에 머물러 그침

최적화
어떤 조건 아래에서 주어진 함수를 가능한 최대 또는 최소로 하는 일

지불
돈을 내거나 값을 치름

연계 서비스
잇따라 함께 제공되는 서비스

자에게 교통상황, 최적 경로, 주차 등 여행에 필요한 교통 정보를 출발 전 또는 주행 중에 제공하는 차량 부가 정보 서비스와 보행자, 자전거이용자 등 차량을 이용하지 않는 여행자에게 여행경로, 교통 이용 안내 등 교통 정보를 제공하는 여행자 **부가 정보** 서비스가 있다.

대중교통 서비스 분야에는 최근 모든 시민이 일상생활에서 매일 이용하는 버스정보제공서비스(BIS)로 알려진 대중교통 정보 제공 서비스가 있다. 이것은 시내버스·고속버스·시외버스의 도착 시각, 위치, 환승 정보 등 대중교통 운행 정보를 제공한다. 그리고 대중교통 관리 서비스는 시내버스·고속버스·시외버스의 운행 위치, 운행 간격, 사고 상황 등 버스 운행 정보를 수집하여 **배차 간격** 조정, 운전자 관리, 예약 등 버스 운행을 최적화한다.

화물 운송 효율화 서비스 분야에는 화물 및 화물 차량의 위치·종류·적재량 등 물류 정보를 수집하여 화물 운송을 최적화하는 물류 정보 관리 서비스와 위험물 적재 차량의 **운행**경로, 사고상황 등 실시간 운행 정보를 수집하여 위험물을 효율적으로 관리하고 사고 발생 시 체계적으로 대처하는 위험물 차량 관리 서비스가 있다.

차량-도로 첨단화 서비스 분야는 차량과 도로의 첨단화를 통해 교통안전과 차량 운전자의 편의를 **증진**하고, 도로이용효율을 증대하는 서비스이다. 차량 안전운전 지원 서비스와 차량이 주행 중 필요한 실시간 교통 정보를 수집하여 근접 차량과의 간격 제어, 운전 장치 조작 등 최근 자율주행 차량에 기본 기능을 제공한 자동주행 지원 서비스가 있다.

부가 정보
주된 것에 덧붙인 정보

배차 간격
기차나 시내버스, 차량 등을 대중교통 수단에 이용되는 차량을 노선에 따라 일정한 시간 간격을 정하여 운행하는 것

운행
정하여진 길을 따라 차량 따위를 운전하여 다님

증진
기운이나 세력 따위가 점점 더 늘어 가고 나아감

앞에서 언급한 대표적인 서비스들이 모든 도로에서 구현되는 것은 아니지만, 우리나라의 경우 4천여km의 고속도로 전 구간과 약 1만 4천km 일반국도의 20% 정도 구간에 ITS 시스템이 구축되어 서비스가 제공되고 있다. 또한, 서울시를 비롯한 약 40여 개의 도시에서 버스 정보 서비스가 제공되고 있다. 특히 주요 간선도로를 포함하는 자동차전용도로에서도 대부분 고속도로와 유사한 서비스가 제공되고 있다.

교통 부문의 혁명 지금까지 우리나라 전역에 ITS를 구축하는 데 25년여간 약 3조 원 정도의 비용이 **소요**되었다. 그러나 이를 통해 얻은 교통 혼잡 완화와 교통사고 감소의 효과를 사회적 비용으로 **환산**할 경우 ITS 구축으로 얻은 이익이 소요된 예산의 약 3배인 것으로 분석되고 있다. 교통 부문의 혁명이 ITS로 시작된 것이다.

소요
필요로 하거나 요구되는 바

환산
어떤 단위나 척도로 된 것을 다른 단위나 척도로 고쳐서 헤아림

▼ 교통 흐름

스마트폰과 차량 네트워크

기반
기초가 되는 바탕

배출량
밖으로 밀어 내보내는 양

차량과 정보통신 기술의 융합으로 정보통신 인프라와 ITS 정보 센터와의 연계가 가능해졌다. 그로 인해 복합교통수단의 실시간 운영 관리는 물론, 개별 이용자의 통행 관리가 가능해지면서 차량이 자체적인 정보의 매체가 되는 도로 연계 네트워크가 구성될 수 있게 되었다. 전 국민에게 보급된 스마트폰이 이 중심에 있다. 스마트폰 **기반** 차량-ICT(VICT) 네트워크는 차량, 도로, 사람을 정보 기술로 상호 연계함으로써 일상생활에 깊숙이 자리 잡은 교통 이용 환경에서 똑똑하고, 편리하며, 친환경적인 교통 서비스를 제공하기 위한 새로운 개념이다. 기존 ITS와는 달리 교통 수요자에 최적화된 교통 정보 서비스를 제공하며, 비용 및 에너지의 소비를 최소화하는 정책 개발 및 추진을 통해 향후 예상되는 탄소 **배출량** 제한에 효과적으로 대처할 수 있을 것이다.

차량-ICT 네트워크는 기본적으로 교통 수요자가 요구

하는 정보를 제공하기 위한 수집단의 정보 시스템과 이를 가공 처리하여 교통 수요자의 요구에 맞게 **적재적소**에 제공해 주기 위한 제공단의 서비스 시스템으로 구성되어야 한다. 또한, 교통수요자가 차량을 이용할 때는 차량-ICT(VICT) 기반 기술을 통해 차량 운행과 관련된 최적의 정보를 제공하고, 여행 스케줄의 변동에 따른 대중교통, 자전거 등의 **환승**에 적합한 정보를 실시간으로 제공해 줘야 한다. 이러한 교통 정보는 교통 수요자의 위치와 상황을 인식하여 개개인의 여건에 적합한 정보를 제공해 주기 위해 기본적인 위치 기반 정보가 매핑되어야 한다.

적재적소
알맞은 인재를 알맞은 자리에 씀

환승
다른 노선이나 교통수단으로 갈아탐

지능화된 교통이용자가 정보화된 교통 시설을 이용하면서 단거리 전용 통신, **광대역** 통신 등의 무선 통신 기술 및 DMB 등 디지털방송 기술을 통해 이용자-차량-도로 간 정보를 상호 유기적으로 연계하여 분석한다. 그럼으로써 이용자가 목적지까지 안전하고 편리한 최적의 경로로 도착할 수 있도록 도와주는 스마트통행계획(Smart Trip Planner)을 제공하는 것이 핵심 서비스이다. Smart Trip Planner는 미래형 **애플리케이션**으로서 모든 교통수단을 실시간으로 연계하는 정보를 제공하여 대중교통 및 자전거를 이용하거나 걸어 다니는 것을 편리하게 만든다. 이를 통해 자가운전을 가급적 억제하여 탄소 배출을 줄임으로써 녹색 교통을 유도하는 똑똑한 통행비서 역할을 한다. 이 서비스는 스마트폰으로 대표되는 이동단말기라 불리는 소위 Nomadic Device에 제공될 수 있다. 기본적으로 휴대폰에 연결

광대역
일정한 대역 이상의 주파수 대역 또는 그런 주파수 대역을 사용하는 전송 매체나 전송 시스템

애플리케이션
특정한 업무를 수행하기 위해 개발된 응용 소프트웨어

블루투스
휴대폰, 노트북, 이어폰/헤드폰 등의 휴대 기기를 서로 연결해 정보를 교환하는 근거리 무선 기술 표준

지그비
양방향 무선 개인 영역 통신망(WPAN) 기반의 홈 네트워크 및 무선 센서망에서 사용되는 기술

유기적
생물체처럼 전체를 구성하고 있는 각 부분이 서로 밀접하게 관련을 가지고 있어서 떼어 낼 수 없는 것

가능한 광대역 무선망 등의 통신 네트워크를 지원하며, 차량의 경우 차내 통신망에 **블루투스**나 **지그비** 등 단거리 통신망을 통해 다양한 서비스를 제공받을 수 있다.

VICT 네트워크 기반의 정보 체계라는 것은 기본적으로 인간 중심의 정보 전달 체계로서 최종 사용자인 인간을 중심으로 모든 정보의 구성 및 제공이 이루어진다는 것을 의미한다. 또한, 더 나아가 그 정보 환경을 사용자(인간) 중심에서 보다 원활하고 효율적으로 활용하기 위한 기술적 연계를 말한다. 즉, 각 정보의 생성 요소별 연계를 위해서는 다양한 정보전달 체계와 방식이 필요한데, 그렇게 구축된 이들 간의 **유기적**인 결합을 교통 분야에 적용하여 관련 정보의 적극적인 활용을 통해 교통 체계를 구축하는 것을 말한다. VICT 네트워크를 구성하는 요소로는 크게 인프라(도로, 빌딩 등), 차량(Vehicle), 정보 센터, 정보 단말(Nomadic Device)이 있으며, 이들이 연결된 유기적 관계는 곧 가치사슬 상의 정점에 있는 인간을 위한 요소로 결합된다. 여기에서 생성된 정보의 연계를 위한 각 요소 간의 네트워크는 정

▶ 교통 정보

보 센터를 통해 통합 관리가 이루어지고, 모든 데이터는 **빅데이터**로 융복합되는 것이 반드시 필요하다.

교통 정보 연계 센터는 VICT 네트워크에서 반드시 필요하다. 교통연계 센터는 복합교통수단과 개별 통행자의 정보를 연계 통합하여 기존에 이루어졌던 교통 정보 제공을 할 뿐만 아니라 도시의 탄소 배출 상황을 모니터링하여 이를 실시간으로 도시의 수요 관리에 적용한다. 또한, 녹색 교통을 이용하는 개별 통행자의 정보를 데이터베이스화하여 도시의 교통 혼잡 감소와 대중교통 이용 활성화를 위한 녹색 교통 마일리지 모니터링, 동적 수요 관리, 개인 기반 청정개발 체제 기능을 제공한다.

빅데이터
디지털 환경에서 생성되는 데이터로 그 규모가 방대하고, 생성 주기도 짧고, 형태도 수치 데이터뿐 아니라 문자와 영상 데이터를 포함하는 대규모 데이터

> 개인별 탄소 배출권을 확보하고 대중교통, 자전거 등 녹색 교통 이용실적을 자산화하며 녹색 교통 마일리지 제도를 도입하여 이용실적에 따라 대중교통요금, 혼잡통행료, 공영주차장 이용요금 할인 등 다양한 활용 방안을 제시한다면 녹색 교통 이용 활성화에 기여할 수 있을 것이다. 또한, 실시간 교통상황에 대응하는 것은 물론, 탄소 배출 모니터링 시스템과 연계하여 도시의 탄소 배출 총량 제한에 따라 능동적이고 탄력적인 차량통행 수요 관리가 가능하게 될 것이다.

교통 수요 관리(Transportation Demand Management: TDM)는 새로운 교통 시설을 공급하지 않고도 통행자들의 통행 **패턴**을 조정하는 방법으로 전환될 수 있다. 교통 수요를 **근원적**으로 감축시키거나 효율이 높은 수송수단을 이용하게 하면서 교통 수요를 시간적·공간적으로 재조정하여 교통 혼잡 문제를 해결하는 방안이 적용될 수 있다.

패턴
일정한 형태나 양식 또는 유형

근원적
사물이 비롯되는 근본이나 원인이 되는 것

기존에는 소극적이며 자발적이고 간접적인 교통 수요 관리 기법들이 교통 혼잡 완화를 위한 보완적인 수단으로 사용되어 왔다. 그러나 최근에는 더 이상 완화될 여지가 없는 최악의 교통 혼잡이나 환경오염 등과 같은 외적인 요인에 의해 강제적이고 직접적인 방안들이 도입되고 있는 단계이다.

VICT 네트워크에서는 단순히 교통 혼잡 문제가 해결되기를 기대하는 단계는 지났다. 이제는 초기 교통 수요 관리 방안에서 벗어나 첨단 안전주행 기능 차량과 도로 인프라 연계 시스템의 확대를 통한 VICT 네트워크와 스마트폰 등 Nomadic Device와의 연계를 통해 다양한 녹색 기반의 교통 수요 관리 방안을 적용하는 것이 가능해지고 있다.

기존의 교통 관리 전략에서 벗어나 VIT 융합형 종합 교통연계 체계를 기반으로 하여 저탄소 교통 관리 전략을 이용자와 운영자의 측면에서 수립하고 있다. 그럼으로써 교통 운영 측면에서 새롭고 **혁명적**인 변화가 일어나고 있다.

Nomadic Device
차량 장착 멀티미디어 기기

혁명적
이전의 관습이나 제도, 방식 따위를 단번에 깨뜨리고 질적으로 새로운 것을 급격하게 세우려는 것

▶ 녹색 기반 교통 수요 관리

차량과 도로의 초연결성

최근 각광을 받는 **인공지능**(AI) 관련 기술은 사회 전반에 걸쳐 제4차 산업혁명을 향한 변화의 바람을 불러일으키고 있다. 교통 부문에서도 기술의 융복합을 통해 교통 체계의 효율성과 안전성 및 친환경성을 향상할 **4차 산업혁명**의 필요가 제기된다. 교통 체계 선진국 간에 **논의**되는 미래형 교통 신기술은 자율화(Automation), 전기화(Electrification) 그리고 통합화(Mobility Integration) 기반의 스마트모빌리티이다. 즉, 자율주행 자동차와 전기자동차가 신교통수단으로 편입되고 이를 기존 교통 체계와 연계하는 통합 서비스를 의미한다. 이렇게 되면 자율주행과 친환경 기술 및 정보통신 기술을 융합하여 더욱 안전하고 깨끗하며 편리한 교통 서비스가 국민들에게 제공될 것이다.

사회 기반 시설(SOC)인 도로, 철도, 항공 및 대중교통 등과 관련하여 현 수준의 교통 인프라로 이러한 고품질

인공지능
인간의 지능이 가지는 학습, 추리, 적응, 논증 따위의 기능을 갖춘 컴퓨터 시스템

논의
어떤 문제에 대하여 서로 의견을 내어 토의함

4차 산업혁명
인공지능, 로봇기술, 생명과학이 주도하는 차세대 산업혁명을 말함

의 서비스는 제공되기 어렵다. 예를 들면, 도로에서 자동차와 운전자, 이용자가 상호 통신을 통해 정보를 공유하면 각자의 요구에 맞는 최적의 경로와 수단 선택이 제공되고 교통 흐름과 교통사고, 대기오염이 개선되는 첨단 서비스는 불가능하다. 다시 말해 스마트모빌리티의 현실화를 조기에 실현하기 위해서는 기존 인프라의 혁신이 필요하다는 의미이다. 사회 기반 인프라는 건설을 마친 후 일정 기간 최소한의 물리적인 유지보수만으로 운영되어 왔다. 그러나 이제는 정보통신 기술(ICT)과

▲ 교통 흐름

▲ 사고

▲ 오염

전환
다른 방향이나 상태로 바뀌거나 바꿈

빅데이터, 인공지능 등의 기술이 융복합되어 디지털 인프라로 **전환**되어야 한다.

디지털 인프라 자율주행차의 차량 센서 기능과 가격 등 기술 한계를 극복하고 도로를 주행하는 다른 차량들과 능동적인 안전성을 확보하기 위해 차량과 도로(V2I), 차량과 차량(V2V), 그리고 차량과 네트워크가 유기적으로 정보를 연계(V2X)하도록 **초연결성**을 확보하는 것이 디지털 인프라의 핵심이다. 5.9GHz **극초단파**의 근거리 전용 통신(DRSC) 기술을 고도

▼ 디지털 인프라

화한 IEEE의 802.11p(WAVE) 표준 기술을 적용한 전용망 V2X(WAVE V2X)를 미국, 유럽연합, 일본 등 주요 국가들은 ITS 전용 통신으로 적용하고 있다.

> 차량이 200km/h로 주행하면서 1km 정도 도로 구간 내에서 통신지연시간이 거의 없이(0.1초 이하) 20Mbps로 초당 10회 이상 정보를 주고받을 수 있다. 차량 정보는 물론 차량의 안전운전 지원, 충돌방지 및 자율주행 지원을 위한 커넥티드카 기능이 가능하다.

미국에서는 2013년 미시간주에서 기술 실증 사업을 거쳐 현재 뉴욕 등 몇 개 도시에서 시범 사업을 진행하고 있다. 통신의 안정성, 신뢰성 및 보안성 등에서 만족할 만한 평가를 받고 있지만 **노변 기지국**(RSE) 등 시설 구축과 차량 전용 단말기(OBE) 보급이 관건이다.

우리나라도 2014년부터 국토교통부가 세종시와 대전 유성을 연결하는 도로 구간에 전용망 V2X 기반의 협력형 차세대 ITS(C-ITS) 시범 사업을 진행하고, 그 결과를 토대로 2020년까지 고속도로 전 구간에 ITS 전용 통신을 구축할 계획이다.

전용망의 대안으로 제시된 것이 이동통신 기술 기반의 V2X이다. 유럽의 3세대 이동통신 표준화 단체(3GPP)에서 LTE를 기반으로 이동망 V2X(Cellular V2X) 기능이 시범적으로 적용되고 있다. 통신 특성상 차량 정보의 교환이나 안전운전 지원 기능은 가능하지만 **전용망** V2X에 비해 차량의 충돌 방지나 자율주행 지원은 한계가 있다. 이를 극복할 수 있다고 언급되는 것이 최근 소개되고 있는 5G 이동통신 기술이다. 5G는 전용망 V2X 특성

초연결성
모든 사물(사물과 사람, 그리고 사람과 사람)이 연결되는 상태

극초단파
파장이 1미터보다 작은 전자기파

노변 기지국
도로 주변에 전파를 주고받는 기능을 하는 작은 통신 기관

전용망
특정 기업 또는 이용자들을 위한 목적으로 구축되어 운용되는 임의의 통신망

을 모두 갖추고 있어 대안이 될 수 있다고 평가된다. 최근 ITS 국제표준위원회(ISO/TC204)에서도 이에 대한 논의가 활발하다.

※해결해야 할 문제

기술적	이동망 V2X의 안전성 및 보안성, 신뢰성을 확보해야 하고 이동통신사 간 정보 연계성도 해결해야 한다. 이는 아직 수년의 시장도입 기간이 남아있으므로 가능할 것이다.
정책적	이동망 V2X 시설 구축과 향후 빅데이터 운영 등에 대한 도로 관리 기관 등 이해당사자 간의 권한 조정, 통신요금 부과에 대한 차량 제작사 혹은 이용자와의 비용 문제 협의, 그 외 개인정보 보호 등 관련 법 제도와 규제도 선제적으로 해결해야 할 문제이다.

보완재
서로 보완 관계에 있는 재화

커넥티드카
정보통신 기술과 자동차를 연결시킨 것으로 양방향 인터넷, 모바일 서비스 등이 가능한 차량

공존
두 가지 이상의 사물이나 현상이 함께 존재함

분명 중장기적으로 이동망 V2X는 전용망 V2X의 **보완재**가 될 것이다. 자율주행 시대에 디지털 인프라를 구성하는 **커넥티드카** 핵심 기술이 경쟁적 **공존** 관계로 발전하기를 기대한다.

디지털 인프라

고령화와 도시화, 인구 구조 변화로 혼밥·혼술 등 공유경제형 생활 패턴이 나타나면서 새로운 비즈니스에 의한 제4차 산업혁명이 자연스럽게 다가오고 있다. 세계적으로 급속하게 확산하는 스마트폰으로 인한 정보화는 우버, 리프트, 카카오 등 이용자 맞춤형 새로운 Online to Offline(O2O) 산업을 탄생시켰다. 이로 인해 도시 생활에서 필수적이었던 자가용의 필요성이 괄목할 만큼 떨어졌다. 기존의 공급자 중심 산업 구조로는 좀처럼 풀기 어려웠던 자가용 이용 증가와 출퇴근 교통 정체, 소음과 매연 등 도시환경 문제를 해결할 **대안**이 나타난 것이다.

교통 서비스 자율주행 자동차와 전기자동차가 신교통수단으로 편입되고 이를 기존 교통 체계와 연계하면 자율주행과 친환경 기술 및 정보통신 기술을 융합하여 더욱 안전하고 깨끗하며 편리한 교통 서비스가 국민들에

Online to Offline
온라인이 오프라인으로 옮겨오는 것

대안
어떤 일에 대처할 방안

게 제공될 것이다. 또한, 자가용 이용 중심이었던 기존의 통행 특성이 각자의 통행목적에 따라 공유 차량과 대중교통을 상호 연계하는 취사선택이 가능한 형태로 자유롭게 변화된다. 스마트폰이 그 중심에 있기 때문이다. 결과적으로 교통 혼잡을 유발하는 자가용 수요를 줄일 수 있어 교통 서비스의 품질이 대폭 향상될 것으로 기대된다.

▶ 도로 표지판

물리적
물질의 원리에 기초한

측위 기술
GPS를 사용하거나 무선 네트워크의 기지국 위치를 활용하여 서비스 요청 단말기의 정확한 위치를 파악하는 기술

디지털 인프라 '차량과 도로의 초연결성'에서 설명했던 바와 같이 현재 사회 기반 인프라로는 첨단 서비스가 불가능하다. 그러므로 현재의 시설들은 차량과 도로(V2I), 차량과 차량(V2V)이 유기적으로 정보를 연계하도록 지원하는 디지털 인프라로 전환되어야 한다. 단기적으로는 도로의 기하 구조와 도로표지 등을 개선하고 데이터베이스를 구성하는 **물리적** 인프라(Physical Infrastructure)의 고도화가 필요하다. 이를 기반으로 도로의 정밀지도를 구축하여 주행 중인 차량들을 정확하게 추적하도록 **측위** 기술을 융합하고, 차세대 지능형 교통체계(C-ITS)를 적용하는 정보통신 시설을 확충하면 디지털 인프라(Digital Infrastructure)가 구성된다.

인공지능을 통해 중장기적으로 교통류의 이동성을 최대로 유지하고, 교통 빅데이터 분석을 통한 교통안전을 관제하는 논리적 인프라(Logical Infrastructure) 기술을 확보해야 한다. 이렇게 해야 미래교통 체계인 스마트모빌리티를 **선도적**으로 실현하는 국가 대열에 포함될 수 있다. 미국이 20년 이상 연방정부 교통부(USDOT)에 연합전략실(JPO)을 두고, 독일이 2013년 12월 연방정부의 기존 부처를 교통 디지털 인프라부(Ministry of Transport & Digital Infrastructure)로 개편한 이유가 여기에 있다.

졸음운전 최근 버스나 트럭 등 전문직 운전자들의 졸음운전으로 인한 대형 교통사고가 빈번하게 발생하고 있다. 운전 근무시간을 줄이는 등 다양한 규제 및 제도를 적용하는 정책이 만들어지고 있지만 그것이 근본적인 해결책이 될지는 미지수이다. 일각에서는 자율주행 자동차 기술을 버스나 트럭에 적용하면 사고를 줄일 수 있다고 주장한다. 그러나 현재의 자율주행차 기술 수준으로는 어림도 없다. 졸음운전 시 차량이 스스로 주행하면서 주변 차량과의 사고를 완전하게 방지하는 기술은 소위 제3, 4단계 자율주행 차량 도입이 예상되는 2025년 이후가 되어서야 가능하다. 차량마다 부착해야 하는 **레이다**(Radar), **라이다**(Laidar), **비전 인식** 등 현재 수억 원을 호가하는 센서의 가격이 수백만 원대로 낮아져야 모든 차량에 적용할 수 있기 때문이다.

디지털 인프라는 그 대안이 될 수 있다. 여기서 디지털 인프라란, 쉽게 말해 도로를 디지털화하는 것이다. 그동안은 차량이 도로를 주행할 때 운전자가 차선, 노면 상

선도적
앞에 서서 인도하는 것

레이다
전파를 이용하여 물체를 탐지하고 거리를 측정하는 장치

라이다
레이저 광선을 발사하고 그 반사와 흡수를 이용하여 대기 중의 온도, 습도, 시정(視程) 따위를 측정하는 다목적 대기 현상 관측 장치

비전 인식
기계 혹은 컴퓨터가 사람 눈처럼 보고 인지하고 이해할 수 있게 하는 분석 시스템

태, 도로표지판, 교통 정보판, 공사 구간, 교차로 및 진·출입 구간 등 도로의 모든 것을 인지하고 반응해야 했다. 또한, 운전자는 주변 차량의 주행상황도 모두 인지하고 대응해야 했다. 앞 차량의 급정거, 옆 차량의 급차선변경, 뒤 차량의 급접근 등에 신속하고 정확하게 반응하는 방어운전이 대표적이다.

자율주행 시대가 되면 사람이 아닌 기계, 즉 차량이 운전자가 수행해온 모든 인지와 반응을 대행한다. 그러기 위해서는 앞서 지적한 대로 차량마다 수억 원의 센서를 부착해야 한다. 대신 디지털 인프라가 적용되면 도로 인프라가 차량이 수행해야 할 기능의 상당 부분을 협력하여 지원할 수 있다. 예를 들어, 도로에 센서를 부착하고 도로표지나 교통 정보, 고정밀지도 등을 차량-도로의 통신(V2X) 초연결성을 통해 디지털로 전송하게 되면 수백만 원 정도밖에 안 되는 단말기를 통해서 수억 원대의 제3, 4단계 자율주행 차량과 유사한 성능을 발휘할 수 있게 된다. 설사 운전자가 잠시 졸음운전을 해도 도로 인프라가 차량과 협력하여 대형사고를 막아 사망이나 치명상을 획기적으로 줄일 수 있다.

서울-세종고속도로는 제2경부고속도로라 불리며 주목받고 있다. 정부 재정 사업으로 추진한다는 발표에 대하여 일부에서 **민자 사업**으로 진행하자고 주장하고 있기 때문이다. 서울-세종고속도로에 관하여 또 하나 주목할 것은 건설비이다. 총 131.6km 건설에 7조 5천억 원이 투자된다. 토지보상비를 제외하고 순수 건설비만 따져도 6조 2천억으로, km당 단가는 약 470억 규모이다.

민자 사업
민간 투자에 의해 이루어지는 여러 활동

세부 내역은 아직 발표되지 않았지만 이 중 약 1% 정도는 디지털 인프라 구축 비용이 포함되어 있기를 기대한다. 디지털 인프라가 구축되면 일부 운전자들이 졸음운전을 하더라도 해당 도로에서는 더 이상 교통사고와 사망자가 발생하지 않을 것이기 때문이다. 1970년대 건설된 경부고속도로가 지역을 연결하는 **중추적**인 도로 인프라 역할로 경제성장 5개년 계획 기반의 산업을 부흥시킨 것처럼, 2025년에 완전히 개통될 제2경부, 즉 서울-세종고속도로는 디지털 인프라로 연결되어 자율주행 기반의 4차 산업을 부흥시키는 견인차가 되기를 기대해 본다.

중추적
가장 중요한 부분이나 자리가 되는 것

인공지능(AI) 관련 기술은 최근 사회 전반에 걸쳐 제4차 산업혁명을 향한 변화의 바람을 불러일으키고 있다. 국토교통 분야에서는 기존 도로 인프라와 자동차가 ICT 기반으로 융복합된 결과로 등장한 자율주행이 그 핵심 동인이 되었다.

자동차 산업계에서는 도로의 일부 구간에서 일정 시간 동안 운전자의 감시하에 주변 차량을 인식하면서 자동으로 주행하는 소위 3단계 자율주행 차량을 2020년대 중반부터 본격적으로 **출시**할 전망이다. 차량에 부착되는 각종 센서의 가격을 낮추어 자율주행 옵션 기능을 3천 달러대 이하로 시장에 내놓을 수 있을지가 관건이다. 그때쯤 되면 자율주행 차량이 달리게 되는 도로 인프라가 그에 맞는 수준으로 준비될 수 있을지 의문이다. 운전자 대신 차량이 도로의 모든 상황을 스스로 인식하면서 운전자처럼 주행하기 위해서는 사람이 아닌 기계(차

출시
상품이 시중에 나옴

량)에게 도로를 이해시킬 수 있도록 도로의 모든 정보를 높은 수준으로 디지털화하여야 한다.

편구배
도로의 곡선부에서 바깥쪽을 안쪽보다 일정값만큼 높여 준 것

가변차로
양방향 교통량에 따라 시간별·요일별로 진행 방향을 바꾸어 사용할 수 있는 찻길

> 도로의 폭, 차로 수, 곡선반경, **편구배** 등 기하 구조 정보는 물론 제한 속도, **가변차로**, 회전 제한, 도로표지 등이 미터 단위 이하로 정밀하게 표시된 디지털 맵으로 통합되어 차량에 제공되어야 하는 것이다.

자율주행 차량의 주행데이터는 초 단위 이하로 수집되며 빅데이터를 생성한다. 그리고 이를 인공지능 기반으로 분석하면 도로를 더 안전하고 효율적으로 운영할 수 있는 논리적 도로관리 체계가 만들어진다. 이것이 디지털 인프라의 핵심이고 이를 통해 스마트건설 산업의 기반을 마련할 수 있다. 사회 기반 인프라의 전통적인 건설 산업은 도로 등을 일단 건설한 후에 최소한의 유지보수를 하며 운영해 왔다. 그러나 이제는 논리적 도로관리 체계로 나아가야 할 때이다. 서울-세종 간 고속도로 등 앞으로 건설을 준비하는 여러 종류의 사회 기반 인프라(SOC)를 스마트건설 산업으로 전환하도록 설계와 시공, 건설관리, 운영, 유지보수 등 모든 단계에 디지털 인프라 개념이 더해져야 한다. 이에 따라 양질의 새로운 일자리가 창출될 것이 눈에 보이는 것은 당연하다.

건설되어 운영되고 있는 SOC는 어떻게 해야 할까? 예를 들면, 2020년대 중반에 자율주행차가 본격적으로 시장에 도입될 것을 지원하기 위해서는 기존 도로 인프라를 어떻게 바꿔야 하는가? 차량의 기능에만 의존하는 자율주행은 차량 센서 기능과 가격 등의 문제로 인해 시장 확대에 한계를 보일 수밖에 없다. 그 대안으로서 도

로를 주행하는 모든 차량들이 능동적인 도로 정보를 기반으로 주행 안전성을 확보할 수 있도록 기존의 도로를 디지털 인프라로 개선한다면 자율주행차 시장의 확대는 더욱 가속화될 것이다. 그럼으로써 3천 달러대 이하로 3단계 자율주행 기능이 가능해져 사회적인 **수용성**의 **척도**인 시장성을 확보할 수 있을 것으로 기대된다.

수용성
다른 것으로부터 사물을 받아들이는 능력

척도
평가하거나 측정할 때 의거할 기준

디지털 인프라를 구축하는 데는 얼마나 큰 비용이 들까?

최근 전 세계 전문가들에 따르면 자율주행 차량 1대에 들어가는 수억 원대의 센서 가격으로 도로 1km에 디지털 인프라 구축이 가능할 것으로 예상한다. 예를 들면, 우리나라 고속도로 전 구간인 약 4천km에 디지털 인프라를 구축하는 비용은 자율주행 차량 약 4천 대의 가격과 **비견**된다. 여기에 국도를 포함한 자동차전용도로 전 구간 약 2만km에 드는 디지털 인프라 구축 비용은 km당 약 2억 원대 가격인 대략 6조 원 정도로 예측할 수 있다.

비견
앞서거나 뒤서지 않고 어깨를 나란히 함

사회 기반 인프라(SOC) 예산은 2010년 25조 원으로 정점이었으나 연평균 약 6% 규모로 줄어들 것으로 예고된 바 있다. 2017년 약 22조 원을 기준으로 보면 향후 5년간 약 6조 원 규모가 감축되는 것이다. 줄어드는 SOC 예산을 가지고 기존 도로 체계에 단계적으로 디지털 인프라를 구축하는 방향으로 **전환**하는 정책 대안은 어떨까. 정부의 중기재정투자계획에 반영되도록 좀 더 면밀한 정책 검토를 제안한다. 미래 성장동력을 이끌면서 공공 및 민간에 새로운 일자리를 수없이 만들 수 있는 국토교통 분야 4차 산업의 성공은 디지털 인프라 기반의 스마트건설 산업에 그 답이 있기 때문이다.

전환
다른 방향이나 상태로 바뀌거나 바꿈

혁명의 완성 – 자율주행

V2X
차량이 유·무선망을 통해 다른 차량, 모바일 기기, 도로 등 사물과 정보를 교환하는 것

광의
어떤 말의 개념을 넓게 정의하는 것

▼ V2X

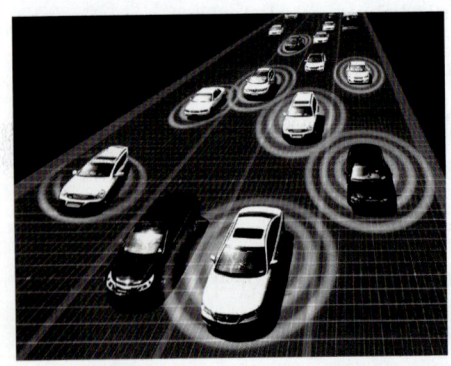

바야흐로 자율주행의 시대이다. 벌써 2년 넘게 신문이나 방송 등의 언론 매체에서 하루에 한두 번 이상은 자율주행에 대한 보도가 끊임없이 이어지고 있다. 최근에는 4차 산업혁명의 비즈니스 모델 중에서 자율주행이 단연 으뜸으로 꼽힌다. 일각에서는 자율주행 자동차(Automated Vehicle)에 한정된 의미로 그 범위를 주장하고 있지만 그것은 잘못된 것이다. 자율주행차가 주행하게 되는 도로 인프라의 디지털화, 그리고 **V2X**로 표현되는 도로-차량 및 차량-차량 간 정보통신의 초연결성, 인공지능 기반으로 교통류를 제어하는 첨단 운영 관리 등을 모두 포함하는 **광의**의 개념이 자율주행의 본질이다. 그래서 전 세계적으로 자율주행 시스템(Automated

Driving System)이라는 명칭이 통용되는 것이다. 자율주행 시스템이 언제쯤 어떤 모습으로 우리의 교통수단 및 인프라에 적용될 수 있을지 궁금하다.

자율주행 시스템의 기술 단계를 설명할 때 국제적으로 공통 사용되는 개념은 미국의 자동차공학회(SAE)에서 제시하고 있는 자율주행 자동차의 기능에 따른 6단계(Level 0~Level 5)의 구분이다. 차량에 아무런 자동화된 주행 기능이 없는 것을 Level 0로 표시하고, 속도**제어** 또는 차로 유지 중 하나만 자율주행이 가능한 기능을 Level 1으로 한다. 복합적인 제어 기능으로 정해진 구역 내 속도와 방향을 동시 제어하여 자동차전용도로에서 운전자의 개입 하에 차로 **추종**이 가능한 것이 Level 2이다. 그리고 고속도로와 같이 특정하게 정해진 구역 내에서 속도, 방향 및 차로변경 등 운전자의 부분적인 개입 하에 자율주행이 가능한 것이 Level 3이다. 정해진 도로 구역 내에서 운전자의 개입 없이 자율주행이 가능한 기능이 Level 4, 그리고 모든 도로 상황에서 운전자 없이도(Driverless) 완전 자율주행이 가능한 기능이 Level 5로 구분된다.

제어
기계나 설비 또는 화학 반응 따위가 목적에 알맞은 작용을 하도록 조절함

추종
뒤를 밟아 쫓아가는 것

> 이 밖에 또 다른 기준으로 활용되는 것이 미국 교통부(USDOT)의 교통안전청(NHTSA)에서 제시한 5단계 분류 체계이다. 여기서는 Level 4와 Level 5를 묶어서 분류한다.

기술 수준 도로 인프라의 디지털화 및 교통류 운영 관리에 대한 국제적으로 공통 적용되는 분류 체계는 아직 없다. 도로 인프라에 대한 기술 수준은 다음과 같이 정

의할 수 있다. Level 0~Level 1까지는 현재 전국적으로 구축·운영되고 있는 지능형 교통 체계(ITS)를 기반으로 하고, Level 2를 위해서는 기본 ITS 기반의 고도화된 교통 정보의 물리적 인프라를 제공하며, Level 3를 위해서는 V2X 초연결성이 지원되는 차세대 ITS(Cooperative ITS: C-ITS) 기반의 디지털 인프라를, Level 4를 위해서는 사물인터넷 및 빅데이터를 통해 교통류를 제어하는 인공지능형 ITS(Automated-ITS: A-ITS) 기반의 논리적(Logical) 인프라를 지원하는 분류 체계로 규정할 수 있다.

자율주행 시스템은 혁신과 진화의 변화 측면, 공공과 민간의 추진 체계 측면이라는 두 가지의 길이 있다. 먼저 변화의 측면에서 보면 기존 자동차 제작사(OEM) 및 부품 업계를 중심으로 진행되는 **진화**의 길로서 지금까지 약 20여 년 동안 Level 1에서 Level 2까지가 보수적인 과정으로 기술 개발이 이루어졌다. 현재 Level 2 기능은 독일 3사(BMW, Benz, Audi) 및 미국의 GM과 일본 Toyota 자동차 등 중형급 이상 주요 모델 대부분과 현대자동차의 제네시스 등 중대형 고급 차량에 부착되어 판매되고 있다.

Level 3를 상용화하는 데는 지금까지와 마찬가지로 보수적인 진화의 과정을 거칠 것으로 예상한다. 또한, 2020년대 초중반에 중대형 고급 차량에 상용화할 것으로 예상된다. 준중형 자동차까지 확대하여 Level 3 기능을 상용화하기 위해서는 위에서 언급한 C-ITS 디지털 인프라의 지원이 필요하다.

혁신의 길 이와 상반되는 것이 구글, 테슬라, 애플 등

진화
일이나 사물 따위가 점점 발달하여 감

◀ 디지털 지도 활용

ICT 업계를 중심으로 추진된 혁신의 길이다. ICT 업계에서는 정보통신 및 첨단 센서 기술, 고정밀 맵과 측위 기술을 차량에 부착하여 곧바로 Level 3 과정으로 진입하는 기술 개발이 이루어졌다. 이들은 상당한 시간 동안 자체적으로 다양한 도로에서 시험주행을 시도하여 완성 단계의 Level 3 기술을 보여주고 있다. 또한, 디지털 인프라의 지원 없이도 2020년 **상용화** 모델을 시장에 선보일 것으로 보인다. 다만 문제는 가격이다. 진화 단계를 거치면서 디지털 인프라의 지원을 받는 기존 자동차 제작사의 모델에 비해 가격 경쟁력이 떨어져 본격적인 시장 수요를 형성하기는 쉽지 않을 것으로 보인다. 그러나 진화 혹은 혁신의 길에서 누가 승리할지는 아직도 **미지수**이다. 이는 결국 소비자들의 선택으로 결정될 것이다.

상용화
상업적으로 쓸모가 있도록 하는 것

미지수
예측할 수 없는 앞일

공공과 민간의 추진 체계 측면에서 보자. 위에서 설명한 혁신과 진화의 길이 바로 기존 자동차 업계 혹은 ICT 업계를 통해 추진되는 민간 추진의 길로서 여기서는 자동차전용도로에서 고속으로 주행하는 차량들이 주된 사업모델이다. 이에 반해 도심지 도로에서 저속으로 주행하면서 여러 시민이 공유형 대중교통으로 이용하는 자율주행 셔틀에 대한 기술 개발과 실증 사업을 추진하는 것이 공공 추진의 길이다. 자율주행 셔틀은 일반적인 시장 수요가 없어 기존 자동차 산업계 및 주요 ICT 업계의 사업모델 영역 밖이기는 하다. 이 밖에 기술 능력이 있는 중소기업들이 운전자 없이 저속으로 제한된 도로를 주행하는 Level 4 기능을 **탑재**한 차량을 개발하여 도시 교통 체계에 적용하도록 지원하는 것이 공공 사업모델로 적절하다.

탑재
배, 비행기, 차 따위에 물건을 실음

> 물론 저속이지만 운전자 없이 제한된 특정 구간을 주행하는 Level 4 기능의 상용화는 오히려 민간의 일반 승용차를 대상으로 개발하는 Level 4 기능보다 빠르다. 벌써 미국과 유럽에서는 **이지마일** 등 중소 기술 업체에서 7~8개의 모델이 시장에 나와 판매되고 있다. 또한, 프랑스의 리옹, 뉴질랜드의 크라이스트처치 등 전 세계 15개 도시에서 자율주행 셔틀 기술 실증 시범 사업을 추진하고 있다. 우리나라도 판교에서 자율주행 셔틀의 도입을 준비하고 있고, 세종시 등 몇 개 도시에서 사업 추진을 위한 기술 검토를 진행하고 있다.

이지마일(EasyMile)
프랑스 자율주행 자동차 기업

자율주행 셔틀은 전기차와 자율주행차의 융합 모델이라는 측면에서 미래 지속 가능한 공공 사업모델로 인식된다. 또한 ICT 응용이 강점인 우리나라 중소기업에 새로운 산업 기반을 제공할 수 있다.

자율주행차의 기능

　자율주행차는 다양한 기능을 탑재하여 운전자의 안전운전을 지원한다. 아직 자율주행 자동차의 개념이 일상에까지 확산하기 전이므로 자동차업계에서는 이와 같은 기능을 첨단운전지원장치(Advanced Driver Assistant System: ADAS)라는 용어를 활용하여 중형차 이상급의 모델에 일부 선택사양(옵션)으로 적용하는 방식으로 판매하고 있다. 자율주행차를 위한 기능이 이미 상용화되어 시장에서 운전자들과 함께하고 있다는 의미이다. 이러한 ADAS의 기능을 설명하기 전에, 먼저 **크루즈 컨트롤**(Cruise Control: CC)의 작동 원리와 운전 시 이용 방법을 살펴본다.

　크루즈 컨트롤은 가장 기본적인 순항 제어 기능으로서 지난 수십 년간 운전을 지원해왔다. 1990년대 초반부터 미국에서 판매되는 차량 대부분에 선택사양으로 제공되어 오다가 2000년대에 들어서면서 전 세계에 확산되

크루즈 컨트롤
자동차의 속도를 일정하게 유지하도록 하는 정속 주행 장치

순항 제어
앞 차량을 따라 일정하게 운행하게 하는 시스템

자율주행 혁명　**59**

어 차량 운전 시 운전자를 지원하는 기본 기능으로 자리 잡았다. 최근에는 우리나라에서도 준중형급 이상의 차량 모델에는 거의 기본 기능으로 장착되어 있을 정도로 확산되었다. 이 기능은 차량이 운전자의 **가속페달**(Accelerator) 조작 없이 일정 속도로 지속적인 주행을 유지하게 한다. 운전자가 오른발을 이용해 가속페달을 누르면서 속도를 유지하는 동작을 기계적으로 대행해 주는 것이다.

가속페달
기화기의 스로틀이 열려 엔진의 회전수와 출력이 높아지게 하는 장치

> 고속도로에서 주행하면서 일정 속도(40km/h~ 160km/h 구간 중 선택적 설정 가능)로 이 기능을 세팅하면 차량은 운전자가 개입하지 않는 한 설정된 속도를 지속적으로 유지하면서 달리게 된다. 그 결과 운전자의 오른발은 가속페달을 밟는 것에서 자유로워진다.

운전자의 피로도가 줄어드는 효과 다음과 같은 상황에서 위 기능을 이용하면 운전자의 피로도가 현격하게 줄어드는 효과가 나타난다. 운전자가 운전을 시작한 후 자동차 전용도로(고속도로 혹은 최근 건설되는 국도 대부분 등 평면 교차로가 없는 연속류 도로)에 진입하여, 제한속도 내 혹은 제한 범위를 약간 넘긴 일정 속도를 유지하면서, 교통량이 많지 않은 상황에서 주변의 차량에 영향을 덜 받을 때가 그것이다. 그러한 환경에서 주행할 때에 갑작스럽게 앞의 차량이 속도를 줄이거나 옆 차량이 끼어드는 등 **돌발변수**가 생긴다면, 운전자는 쉬고 있던 오른발로 브레이크를 살짝 누르면 된다. 그렇게 하면 크루즈 컨트롤 기능이 해제되고 운전자가 직접 운전하는 모드로 전환된다. 돌발 상황이 사라진 후 다시 이전에 설정된 속도로 기능을 활성화하기 위해서는 'Res' 버튼을 누

돌발변수
뜻밖의 일이 갑자기 일어나는 일

Res
'다시 시작한다(Resume)'의 의미

르면 된다.

　설정된 속도를 유지하며 주행하다가 조금 더 가속하기를 원한다면 두 가지 방법을 이용할 수 있다. 먼저 오른발로 가속페달을 누르면 그 누르는 힘의 크기만큼 추가로 속도가 올라간다. 이를 전문 용어로 오버라이드(Override)라고 한다. 다시 가속페달을 놓으면 자연스럽게 속도가 내려가 이전에 설정한 속도를 유지하게 된다. 다른 방법은 크루즈 컨트롤 기능에 있는 가속 버튼, 즉 'Acc' 버튼을 누르는 것이다. Acc 버튼을 누를 때마다 1km/h씩 올라가며, 원하는 속도까지 버튼을 계속 누르고 있으면서 설정 속도를 높이면 된다.

　반대로 설정된 속도를 낮추고 싶으면 'Res' 버튼을 누르고 있으면 된다. Res 버튼을 한 번 누를 때마다 1km/h씩 속도가 내려간다. Res 버튼을 계속 누르고 있으면 지속적으로 설정 속도가 떨어져 원하는 만큼 설정 속도를 낮출 수 있다. 이 기능에 익숙한 운전자들은 급한 돌발 상황이 아닐 때는 손가락만으로 버튼을 조작하면서 앞 차량의 속도에 맞춰 차간거리(Distance Headway) 혹은 차두시간(Time Headway)을 조절하면서 운전하는 것이 가능하다.

　적응형 순항 제어는 운전자가 속도를 설정하고 앞 차량과의 간격을 기능 버튼으로 조작하면서 주행하는 기본적인 크루즈 컨트롤 기능을 모든 자동차가 수행하도록 한 Adaptive Cruise Control(ACC) 기능이다. 이 기능은 **어댑티브 크루즈** 혹은 스마트 크루즈 컨트롤이라고 불리기도 하는데, 그 이유는 이 기능을 사용하면 앞

어댑티브 크루즈
기존의 크루즈 컨트롤(CCS) 기능에 'Follow-to-Stop' 기능이 추가돼 설정된 속도 및 앞차와의 거리를 유지하는 것은 물론, 앞차의 속도에 따라 완전히 정차했다가 출발할 수도 있는 장치

차량의 속도와 거리를 판단하는 것이 더 이상 운전자의 몫이 아니기 때문이다. 차량 앞 **범퍼**에 부착된 레이다(Radar)가 운전자를 대신하여 앞 차량을 검지해 그것과의 거리를 실시간으로 계속해서 알려준다. ACC는 그 거리 변화 정보를 내 차의 속도 정보와 비교한다. 그리고 자동으로 가속페달이나 브레이크를 작동함으로써 속도와 차량 간격을 조절한다.

스마트 크루즈 컨트롤은 앞 차량의 속도에 영향을 받지 않는 상황에서 운전자가 원하는 최고 속도를 일반 크루즈 컨트롤과 같은 방법으로 설정한다. 이때 앞 차량이 있을 경우를 대비해 그 차량과의 **차두시간**을 보통 1.0초~2.2초의 범위에서 0.1초 혹은 0.2초 단위로 정할 수 있다. 다만 일반 크루즈 컨트롤 기능에서 운전자는 원하는 주행 속도만을 설정하는 데 반해, 스마트 크루즈 컨트롤에서는 속도와 차두시간을 설정한다.

> 여기서 잠시 차두시간에 대해 상세하게 알아보자. 일반적으로 도로에서 주행하는 차량은 여러 대의 차량이 앞뒤로 섞여 서로 순차적으로 주행하면서 대열을 이룬다. 이러한 현상을 교통 흐름이라고 한다. 어떤 차량은 앞 차량에 바싹 붙어 따라가고 어떤 차량은 어느 정도 거리를 유지하면서 달리기도 한다. 이러한 현상을 **차량 추종**(Car Following)이라고 한다. 그리고 대열을 이루고 있는 차량들을 일컬어 군집 주행(Platooning)하는 **교통류**(Traffic Flow)라고 부른다.

교통류의 군집 주행 시 나타나는 차량 추종 현상에는 두 가지 중요한 요소가 있다. 바로 속도(Speed)와 차두시간(Headway)이다. 차량 추종 현상이 발생한 도로가 차로 변경이 안 되는 상황이라 가정하면, 앞 차량을 따라

범퍼
충돌 사고 발생 시 충격을 완화하기 위하여 자동차의 앞과 뒤에 설치한 장치

차두시간
한 지점을 통과하는 연속된 차량의 통과시간 간격

차량 추종
앞 차량과의 적절한 거리를 유지하여 운행하는 것

가는 차량은 바로 앞에 있는 차량의 속도에 영향을 받는다. 거기서 더 앞에 있는 차량은 결국 맨 앞에 있는 선두 차량의 속도에 영향을 받는다. 그러므로 10대의 차량이 군집 주행 형태로 차량 추종을 한다고 가정했을 때 만약 선두 차량이 72km/h로 주행하고 있으면 뒤따라가는 차량들은 차로를 변경하지 않는 이상 그 속도보다 빠르게 주행할 수 없다.

> 시속 72km의 속도, 즉 72km/h를 초속으로 환산하면 미터 단위로 표시할 수 있으며 20m/sec가 된다. 즉, 1시간은 3,600초이고 1km는 1,000m이므로 킬로미터 단위의 시속(km/h)을 3,600분의 1,000, 즉 3.6으로 나누면 미터 단위의 초속(m/sec)으로 변환된다.

만약 군집 내에서 차량 간 일정한 간격을 유지하고 있다고 가정하고 그 간격의 크기가 약 40m(차량의 자체 길이를 포함하여 앞 차량의 앞 범퍼와 뒤 차량의 앞 범퍼 간 거리)라고 가정하면 서로 2초의 차두시간을 유지하면서 주행하고 있다는 뜻이다. 따라서 40m를 20m/sec으로 나누면 2초가 산출된다. 일반적으로 국도나 고속도로, 자동차 전용도로에서 교통 흐름이 원활하게 유지될 때 평균 2.0초간의 차두시간이 유지되는 현상이 나타나는 것이다. 특히 고속도로의 경우 시속이 100km/h인 경우 2.0초의 평균 차두시간이 유지될 때 차 간 간격은 평균적으로 약 56m로 나타난다.

> 100km/h를 초속으로 환산하면 27.78m/sec이 되며 여기에 2초를 곱하면 55.56m가 된다.

앞 차량과의 간격 그렇다면 위에서 산출된 2초의 차두시간으로 앞 차량과 간격을 유지하면서 따라가는 이유는 무엇일까? 이는 운전자와 관련한 **인간공학**적인 요소에 **기인**한다. 운전자가 진행하는 방향에 있는 어떠한 상황을 **인지**(Perception)하고 문제로 판단할 경우 이에 대해 반응(Reaction)을 하게 되는데, 이때 걸리는 시간을 인지 반응 시간(Perception & Reaction Time: PRT)이라고 한다. 현재 **통용**되는 인지 반응 시간은 평균 약 2.0초이다. 물론 어떤 운전자는 1.0초 만에 반응하고 어떤 운전자들은 2.5초 이상이 걸리는 경우도 있다. 그러나 도로에서 차량들이 앞 차량과 군집으로 **대열** 하면서 주행하는 상황을 분석해보면 속도와 상관없이 대략 2초의 간격을 유지하고 있다.

> **인간공학**
> 인간과 그들이 사용하는 물건과의 상호작용
>
> **기인**
> 근본이 되는 원인
>
> **인지**
> 어떤 사실을 인정하여 앎
>
> **통용**
> 일반적으로 두루 씀
>
> **대열**
> 줄을 지어 늘어선 행렬

> 고속도로에서 시속 108km/h로 군집 주행을 하는 경우 평균적으로 약 60m의 간격(108km/h=30m/sec)을 유지한다. 그리고 국도 등 자동차 전용도로에서 시속 72km/h로 군집 주행을 하는 경우는 약 40m의 간격(72km/h=20m/sec)을 유지하며, 도심지 도로에서는 시속 36km/h인 경우 약 20m의 간격(36km/h=10m/sec)을 유지한다.

만약 어떤 도로의 한 개 차로에서 1시간 동안 차량이 평균 2.0초의 차두시간으로 군집을 이루면서 지속적으로 차 간 간격을 유지한다고 가정해 보자. 그 차로에서는 1,800대의 차량이 시간당 교통량으로 기록된다. 즉, 1시간인 3,600초를 평균 차두시간으로 나누면 시간당 교통량이 산출된다. 평균 차두시간이 2.0초인 경우 시간당 교통량은 1,800대/시(veh/h)이고, 평균 차두시간이 2.4초인 경우 1,500veh/h가 된다. 만

약 3.0초로 차량 간격이 벌어지면 시간당 교통량은 1,200veh/h로 줄어든다. **카레이서**처럼 완전히 훈련된 운전자들이 1.0초의 인지 반응 시간으로 서로 간격을 좁혀 군집하게 된다면 시간당 교통량은 3,600veh/h로 2.0초인 경우보다 두 배 늘어난다.

카레이서
자동차경주대회에서 경주용 차량을 운전하는 선수

최근 몇몇 고속도로에서 일부 제한된 시간대에 한 개의 차로마다 시간당 교통량이 약 2,000veh/h 산출되기도 한다는 한국도로공사의 자료가 학술대회에서 발표되기도 하였다. 이 경우 평균 차두시간은 1.8초로 산출되는데, 3,600초를 2,000veh/h로 나누면 얻을 수 있는 수치이다. 평균 차두시간이 1.8초라는 것은 차량들이 2.0초보다는 조금 더 간격을 좁혀 군집을 이루고 있다는 의미이다. 이렇게 되면 수치에서 나타나듯이 시간당 교통량이 늘어난다.

교통 이론에서 1시간 동안 한 개의 차로를 통과할 수 있는 최대 교통량을 용량(Capacity)이라는 용어로 정의하였다. 이때 **가정**하는 평균 차두시간은 운전자들이 느끼는 안전한 인지 반응 시간인 2.0초로 두고, 1,800대/시/차로(veh/h/lane 혹은 v/h/l)의 공식을 사용하여 왔다. 그런데 만약 차량의 성능이 좋아져 운전자들의 안전운전을 지원할 수 있는 첨단운전지원장치(Advanced Driving Assistant System: ADAS)가 장착될 경우 운전자들의 인지 반응 시간은 줄어들게 된다.

가정
어떤 조건을 임시로 내세움

차량에 자율주행 기능이 장착되면 레이다 혹은 라이다 등의 고성능 센서가 운전자의 인지 및 반응을 기계적·전자적으로 대체한다. 그럼으로써 앞 차량을 따라가는 차두시간 간격을 1.0초까지 줄일 수 있다.

> 자율주행 기능이 장착된 차량들이 군집하여 대열 주행을 하게 된다면, 차량 간 평균 차두시간을 1.0초로 유지할 수 있어 시간당 교통량을 기존 용량의 두 배인 3,600veh/h로 늘릴 수 있게 된다.

도로의 차량 수요가 지속적으로 늘어나면서 기존 도로의 차선을 확장해야 할 필요가 발생하는 경우 과거에는 비용과 시간이 많이 소요되는 **토목공사**가 필수적이었다. 그런데 이제는 첨단운전지원장치를 차량에 부착하는 자율주행차의 확대를 통해 용량을 늘리는 대안이 제시될 수 있게 된 것이다.

ACC의 기능 적응형 순항제어에서 일반적인 순항 제어인 크루즈 컨트롤과는 달리 ACC는 차량 주행 시 앞 차량과의 차두시간 간격과 최고속도를 원하는 대로 설정한다.

앞 차량과의 차두시간 간격을 2.0초로 설정하고 원하는 최고속도를 120km/h로 설정한다고 가정해보자. 차량이 자동차 전용도로를 주행하는 상황에서 전방에 차량이 없을 경우 120km/h를 유지하면서 주행하게 된다. 속도를 더 올리고 싶다면 일반 크루즈 컨트롤과 같이 **가속기**를 누르는 만큼 오버라이드로 일시적인 속도를 올리거나 'Acc' 버튼을 누르면 앞 차량 또는 옆 차로에서 끼어드는 차량의 속도가 내 차의 속도보다 낮을 경우 다른 차량의 속도를 따라가게 된다. 이때 미리 설정한 2.0초의 차두시간을 유지한다. 앞 차량이 100km/h로 주행하면 내 차는 자동으로 속도를 100km/h로 줄이면서 약

토목공사
땅과 하천 따위를 고쳐 만드는 공사

가속기
속도를 더 빠르게 하는 장치

50m의 간격을 유지한다. 즉, 100km/h를 초속으로 **환산**한 27.8m/sec에 2.0초를 곱하면 약 56m가 된다. 여기에 앞 차량의 길이 5~6m를 **차감**하면 50m가 된다.

만약 앞 차량이 72km/h로 속도를 줄이면 초속이 20m/sec이 된다. 여기에 차두시간 간격을 적용하면 40m가 되고, 앞 차량의 길이를 **감안**하면 약 35m의 간격으로 내 차가 뒤를 따라가게 된다. 앞 차량이 속도를 더 줄여 36km/h인 10m/sec으로 주행하면 내 차는 차두시간 간격 20m에 앞 차량의 길이를 적용한 약 15m로 따라 붙는다. 앞 차량이 다시 속도를 올릴 경우 내 차는 동일한 차두시간 간격을 유지하기 위해 자동으로 앞 차량에 속도를 맞춰 올리고, 이에 따라 차 간 간격은 **점진적**으로 늘어난다. 앞 차량이 다른 차로로 빠지게 되면 내 차는 다시 그 차량에 맞추어 동일한 방법으로 자동 주행한다. 그러다 더 이상 앞 차량이 없을 경우 내 차는 미리 설정된 최고속도인 120km/h로 가속하고 이를 유지하면서 주행한다.

환산
어떤 단위나 척도로 된 것을 다른 단위나 척도로 고쳐서 헤아림

차감
비교하여 덜어냄

감안
여러 사정을 참고하여 생각함

점진적
조금씩 앞으로 나아가는 것

안전에 문제가 생겼다고 판단되면 일반 크루즈 컨트롤처럼 브레이크를 누르거나 적응형 순항 제어 기능을 해제하는 버튼을 누르면 수동운전으로 복귀되면서 **주행 제어권**이 운전자에게 넘어온다.

앞 차량과의 차두시간 간격을 1.0초로 설정하고 원하는 최고속도를 140km/h로 설정하는 경우를 살펴보자. 전방에 차량이 없을 경우 내 차는 140km/h를 유지하면서 주행할 수 있다. 만약 앞 차량이 120km/h로 주행하고 있으면 내 차는 자동으로 속도를 120km/h로 서서히 줄이

면서 약 28m의 간격을 유지한다. 다시 말해, 120km/h를 초속으로 환산하면 33.3m/sec가 되고 1.0초 간격을 기반으로 하면 33m가 나온다. 여기에 앞 차량의 길이를 차감하면 28m가 된다. 만약 앞 차량이 72km/h로 속도를 줄이면 약 15m의 간격으로 내 차가 앞 차량의 뒤를 따라가게 된다. 앞 차량이 속도를 더 줄여 36km/h인 10m/sec으로 주행할 경우 내 차는 약 5m로 따라붙게 된다.

차두시간 간격을 1.0초로 설정하면 차량 간의 거리 간격이 매우 줄어든다. 그렇게 되면 안전에 위협을 줄 정도로 심리적으로 부담을 주는 주행 상황이 될 것이다. 또한, 앞 차량이 운전자에 의한 주행이라면 전방에서 돌발 상황이 벌어졌을 때 급제동을 할 수 있다는 우려가 있다. 그래서 운전자들은 적응형 순항 제어 시스템을 이용할 때 일반적으로 2.0초로 차두시간 간격을 설정하는 것을 선호한다고 알려져 있다.

모든 차가 같은 기능을 탑재하여 자율주행하게 된다면 이러한 우려는 줄어들고 운전자들이 주의를 기울이는 상태에서라면 1.0초의 차두시간 간격으로 군집 주행을 하는 것이 가능하다. 그렇게 되면 **이론적**으로 한 개 차로에서 한 시간 동안 3,600대의 차량을 처리할 수 있다. 기존의 시간당 교통량인 1,800veh/h의 2배가 되는 것이다. 자율주행 기능을 모든 차량에 **부착**하고 이를 지원하는 도로 체계의 디지털화 **구축 사업**을 지속적으로 검토해야 하는 이유가 바로 여기에 있다.

이론적
이론에 근거한

부착
떨어지지 아니하게 붙음

III
이동의 자유

- 모빌리티 혁명으로 다가온 3대 기술 트렌드
- 지능형 자율주행 전기차
- 도로 자율주행
- 교차로 통행
- 자율주행 교통 문화
- 이용자 중심 모빌리티
- 이동의 자유를 향해

모빌리티 혁명으로 다가온 3대 기술 트렌드

전자 지불
전자화폐를 이용해 버스, 지하철, 택시, 주차장 등의 요금을 하나의 카드로 지불 하는 자동화 시스템

ITS 세계대회
지능형 교통 시스템 분야 최대 규모의 국제 전시/학술회의

유치
행사나 사업 따위를 이끌어 들임

지능형 교통 체계(ITS)는 교통 분야에서 전 세계적으로 공통되게 이용되는 표준화된 기술을 이용한 보편적인 서비스로 자리매김하였다. 교통 정보 수집 및 제공, 버스 정보 시스템, **전자 지불**, 교통 운영 관리 등 대표적인 ITS 서비스들은 이미 우리 일상생활에 익숙한 용어로 알려져 있다. 기술 발전에 따라 해마다 진화하는 ITS의 기술과 정책을 논의하기 위해 매년 3개 대륙의 주요 도시에서 **ITS 세계대회**가 개최된다. ITS 세계대회는 1만 명 이상이 참가하는 대규모 콘퍼런스로 올해로 24회째를 맞이하는데, 우리나라는 1998년 제5회 대회를 서울에서 열었고, 2010년 제17회 대회를 부산에 **유치**하여 성공적으로 치른 바 있다.

교통 이동성(Mobility)을 강화하는 새로운 기술이 지능형 교통 체계(ITS) 분야에서 담론이 되고 있다. 이 새로운 3대 기술은 자율화(Automation), 전기화(Electrification), 그리

고 통합화(Integration)이다. 이와 관련한 논의는 전기자동차와 자율주행 자동차의 갑작스러운 등장을 교통 체계에 어떻게 연계시킬 것인가, 그리하여 날로 심각해지는 교통 문제를 어떻게 해결할 것인가에 초점이 모인다. 궁극적으로 이용자 개개인의 일정에 맞춤형으로 하여 가장 효율적으로 이동의 자유를 보장할 수 있는 서비스를 제공하기 위해 이 3대 기술을 적용한다.

자율화는 ICT와 센서 및 위성항법 등 첨단 기술이 융복합된 커넥티드카 및 자율주행차로 대표된다. 국토교통부는 자율주행차를 국토교통 7대 신성장동력의 하나로 선정하고 제도 기반 마련과 관련 기술 개발 및 필요한 인프라 구축 등 3개 항목을 주요 추진전략으로 제시했다. 제도적인 기반으로 시험운행 기준 마련과 실도로 시험운행을 준비하고 있다. 자율주행차의 안전성을 종합시험 및 평가하는 K-City의 조성과 자율주행차 안전성 평가 기술 R&D 과제도 진행된다. 또한, 그동안 추진되어 온 차세대 ITS(C-ITS) 시범 사업을 완료하고 세종-대전 간 시범 서비스를 시행하는 것과 차량의 위성 기반 측위(GPS)의 정확도를 개선하는 등 디지털 인프라 구축을 준비하고 있다.

K-City
자율주행차 실험도시로서 2018년 하반기 경기도 화성에 구축 예정

R&D
연구 개발

전기화는 지난 수년간 전 세계적으로 급속도로 보급되는 전기차 및 수소연료전지차 등 친환경 자동차의 도입으로 설명된다. 산업 부문에서 전력 및 수소의 대규모 생산과 사용이 가능한 산업 기반을 갖추어야 하고 교통 부문에서는 수송 **인프라**를 신속히 구축하여 교통수단으로의 자리매김을 할 수 있도록 지원해야 한다. 도심지

인프라
경제 활동의 기반을 형성하는 시설, 제도

교통 문제를 해결함과 동시에 교통약자를 지원할 수 있는 친환경 대중교통 차량 및 공유형 카셰어링을 지원하는 인프라 기술과 이를 안전하고 효율적으로 교통 체계에 편입시킬 수 있는 운영 시스템을 개발하고 이를 기술 실증 사업으로 병행할 수 있는 연구 개발 사업 추진이 필요하다.

사용자 중심의 교통 서비스 제공을 위하여 모빌리티 통합 서비스 및 스마트시티 관련 다양한 정책 및 기술 개발이 통합화로 대표된다. 유럽은 교통 이용자가 개인당 하나의 계정을 이용하여 과금, 여정 관리, 멀티모달 연계 및 환승에 대한 인센티브 제공과 같은 다양한 교통 서비스 제공을 위한 네트워크 기반으로 통합 모빌리티 기술의 개발 방향을 정하고 있다.

> 미국 교통부는 스마트시티 시범 사업을 통해 미래 도시에 대한 새로운 비전을 제시하고, 이용자 개개인의 일정 맞춤형 통합 모빌리티 서비스 상용화를 위한 정부 차원의 다양한 지원정책을 추진 중이다.

ICT 및 인공지능 관련 기술은 사회 전반에 걸쳐 모든 산업 영역에 변화의 바람을 불러일으키고 있다. 특히 4차 산업 혁명을 이끄는 중요한 동인으로 모바일 인터넷, **클라우드** 기술, 빅데이터, **사물인터넷**(IoT) 및 인공지능(AI) 등이 거론되고 있다. 교통 부문에서도 이러한 기술의 융·복합을 통해 교통 체계의 효율성과 안전성 및 보안성을 향상할 필요성이 있음이 제기되고 있다. 특히 기후변화 및 고령화 등 교통 여건의 변화에 대응하기 위해서는 4차 산업 동인 기술 기반의 **지속 가능한 교통정책**이 마련되어야 한다. 더불어 끊임없이 발전하는 기술

클라우드
인터넷을 통해 컴퓨터 파일을 저장하여 언제 어디서든 자료를 꺼내올 수 있는 기술

사물인터넷
사물에 부착한 센서를 통해 데이터를 인터넷으로 주고받는 기술 혹은 환경

지속 가능한 정책
환경 보호와 발전을 조화롭게 이루어 미래 세대의 욕구를 충족시킬 능력을 손상하지 않는 정책

을 연구 개발(R&D)을 통해 적시에 공급하여 산업경쟁력을 제고시킴과 동시에 교통 효율성 및 안전성, 친환경성을 선도할 필요가 있다. 이제 우리는 자율화, 전기화, 통합화를 기반으로 스마트 모빌리티를 구현하여 세계 교통시장을 선점할 절호의 기회를 맞고 있다. 이 기술들을 사회 전반의 모든 산업 영역에 어떻게 적용해서 혁명적인 변화를 이끌 것인지가 관건이다.

최근 자동차 산업은 정보통신 기술(ICT)과 센서 및 위성항법 등 첨단 기술이 융복합되어 Connected Vehicle(CV) 및 Automated Vehicle(AV)로 빠르게 진화하고 있다. 자율주행차 기술의 상용화는 사회적 측면과 산업적 측면에서 본질적 변화를 예고하고 있다. 사회적인 편익 측면에서는 운전 중에 사회활동과 연결이 가능하고, 인적 오류로 인한 교통사고를 미연에 방지함으로써 교통안전 향상이 가능하며, 그동안 소외되었던 노인 및 장애인 등 교통약자의 이동권이 획기적으로 증대될 것으로 예상한다. 산업적인 측면에서 보면 세계 자동차 시장이 자율주행차 위주로 재편되면서 우리나라는 새로운 산업 확장의 기회를 만들 수 있고, 무인 물류 운송 및 무인 카셰어링 등 교통 물류 산업 혁신을 가속하는 주도적인 역할을 담당할 수 있을 것으로 예상한다.

Connected Vehicle
통신 연결 차량

Automated Vehicle
자율주행 차량

지능형 자율주행 전기차

개연성
사건이 일어날 가능성

컨소시엄
공통의 목적을 위한 협회나 조합

DSRC
차량을 대상으로 한 무선 전용 이동통신

ETC
유료도로 요금 징수의 자동화

지능형 자동차는 차량에 여러 가지 첨단 센서와 통신 기능을 부착해서 주행 중 발생할 수 있는 운전자들의 오류로 인한 사고의 **개연성**이 있다고 판단될 경우 운전자들에게 경고를 하거나 일부 차량의 제한적인 제어를 통해 운전자들의 안전운전을 지원하는 차량을 말한다. 지능형 자동차의 전방감지 기술에서의 핵심 기술인 레이다(Radar)와 카메라의 센서 융합 기술은 해외 주요 부품 전문 산업체에서는 개발 완료 단계에 있으나, 국내에서는 아직 시작 단계에 머무는 실정이다.

미국에서는 자동차 업계들이 컨소시엄을 구성하여 WAVE 통신 기술을 적용하여 차량 안전과 교통에 관한 활용을 추진하고 있으며, 이 **컨소시엄**에는 Audi, BMW, Volkswagen, Renault, Fiat가 참여하고 있다. 일본에서는 DSRC 통신을 이용한 ETC 서비스가 전국적으로 확산하고 있으므로 DSRC 통신 인프라를 기반으로 교통

정보와 차량안전 서비스를 지원하는 연구를 지속적으로 추진하고 있다. 2007년도에 일본에서 시연한 Smart Way 프로젝트에서는 DSRC 통신을 이용하여 ETC, 교통 정보, 차량 간 충돌 경고 서비스를 제공하는 기술을 개발하였고 셀룰러, 무선랜과 연동하여 차량에서 인터넷 서비스를 제공하는 Internet ITS 기술을 개발, 시연하였다.

움직이는 생활공간으로서의 복합제품으로 최근 자동차의 개념이 변화하면서 관련 기술과 서비스의 개발이 가속화되고 있다. 자동차에 대한 소비자의 인식이 자동차를 단순히 보유(ownership)하는 개념에서 사용(use) 과정에서의 높은 만족도를 요구하는 것으로 변하여 이에 따라 **텔레매틱스** 서비스 등 다양한 서비스와 관련 기기의 개발이 병행되고 있다. 교통 정보 제공은 물론 무선 인터넷 서비스 등의 제공을 통한 텔레매틱스, 차량용 위성방송의 보급은 자동차의 정보통신 **플랫폼**과 오락공간으로의 기능 강화가 시작된 것이다. 자동차가 단순 상품에서 복합 상품으로 진화됨에 따라, 전자 산업은 물론 IT 산업 등 신산업과의 연관성도 커지고 있어 자동차 업계는 21세기에도 '산업 중의 산업'으로 위상이 더욱 강화될 것으로 예상한다.

완성차 업계는 자동차와 전자통신 기술이 접목된 안전 지향형 시스템인 텔레매틱스(Telematics) 시스템과 서비스를 개발하여 고객 만족을 실현하고 있다. 이를 선도하고 있는 GM은 온스타 사업부를 신설하여 멀티미디어 서비스를 강화하였다. 그리고 유럽 자동차 업계에서

텔레매틱스
차량 무선인터넷 서비스

플랫폼
각종 프로그램이나 운영 체제 등을 구동할 수 있는 기반

는 2010년부터 EU 5대 자동차 대국인 독일, 영국, 프랑스, 이탈리아, 스페인의 차량 소유자들이 유사한 시스템을 적용하고 있다. 그뿐만 아니라 세계 완성차 업체들은 텔레매틱스로 대표되는 IT 및 통신 기술의 적용을 통해 차량 정보화에 대규모 투자를 하고 있다.

텔레매틱스는 위치추적 시스템(GPS)과 **무선통신** 기술을 결합하여 실시간 교통 정보, 원격 차량 관리, 긴급구조 서비스, 콘텐츠 다운로드, 실시간 e-mail 수신 등 다양한 모바일 서비스를 통하여 최적의 운전 환경을 제공하는 차량용 통합 정보 시스템 등으로 구성된다. 텔레매틱스는 운전자의 안전과 함께 생활공간으로서 자동차의 편의성을 크게 제고하여 자동차 사용 과정에서 서비스의 질적인 향상을 가능하게 한다. 또, 이러한 서비스 제공을 통해 새로운 시장을 개척함으로써 자동차 업체의 수익성 **제고**에도 큰 도움이 될 것으로 보인다.

무선통신
전파를 이용해 선에 의한 연결 없이 원격지에 정보를 전달하는 통신기술

제고
쳐들어 높임

> 누구나 한 번쯤은 내 차의 다음 모델로 자율주행 자동차나 전기자동차를 생각했을 것이다. 자동차전용도로에서 나 대신 고속으로 주행해주는 레벨 3 혹은 레벨 4 기술이 적용된 자율주행차를 사람들이 살 수 있을까? 여러 예측에 의하면 2025년 정도에는 가능할 듯도 하다. 이는 기술과 가격 면에서의 시장성을 고려한 결과이다.

전기자동차의 시장 진입 전망이 불과 몇 년 전까지만 하더라도 배터리의 성능과 가격 문제로 매우 부정적이었던 것을 생각하면, 2020년 전 세계 1천만 대라는 시장 예측은 놀랄 만하다. 우리나라의 전기차 시장도 올해 1만 4천 대 정도의 규모로 예상된다. 그런데 전기차와 자율주행차의 융합 모델이 현실로 다가오고 있다.

국제전자제품박람회(CES)는 해마다 미국에서 열리고 있다. 여기서 전기차에 자율주행 기능을 탑재한 자동차가 전시되고 실도로에서 시연되는 모습이 2016년 이후로 지속적으로 세계 언론에 홍보되고 있다. 현대자동차 아이오닉을 비롯해 테슬라, GM 등 유명한 전기차가 거의 모두 참여하고 있다. 이들은 전기자동차의 개념에 맞게 저속 도심형 주행을 위한 레벨 2 혹은 레벨 3 자율주행 기능을 탑재하고 있다. 기술과 가격 측면에서 현실적이라는 소비자들의 평가가 이어지면서 2020년 시장 진입을 예고한다. 자율주행 전기차가 머지않아 내 차의 다음 모델 혹은 도심형 공유 셔틀 등으로 활용될 수 있다는 현실감이 느껴진다.

국제전기차엑스포는 2014년부터 해마다 제주에서 열린다. 2030 전기차 100%를 선언한 제주도에서 개최되며 전 세계적으로 주목받는 국제 **콘퍼런스**이다. 2017년부터는 자율주행 전기차 국제포럼도 개최되고 있다. 급속도로 확산하는 전기자동차에 자율주행 기능을 융합해서 미래 도시의 모빌리티를 향상하여 ITS 서비스를 어떻게 고도화할지에 대한 국제적인 기술과 정책을 논의하고 있다. 제주도가 가장 먼저 자율주행 전기차 기반 ITS의 실증 모델이 될 수도 있을 것이라는 기대가 모인다. 또한, 전 세계 **유수**의 전기자동차를 모두 비교해 볼 수도 있을 것이다. 현대자동차를 비롯한 국내 기술의 적극적인 선도 역할이 기대되는 대목이다.

국제전자제품박람회 (CES)
미국 라스베이거스에서 열리는 세계 최대 가전 전시회

국제전기차엑스포
매년 제주에서 열리는 국제적 전기차 박람회

콘퍼런스
회의, 협의

유수
손꼽을 만큼 두드러지거나 **훌륭함**

◀ 전기차

도로 자율주행

자율주행 자동차의 실용화가 2020년 중반으로 예상됨에 따라 실제로 자율주행차가 도로에서 일반 자동차와 혼재하여 주행 된다면 어떤 문제가 발생할지, 그 문제를 어떻게 해결할지에 대한 고민이 시작되었다. 대부분 언론이나 학계에서는 자율주행차가 교통사고에 **직면**할 경우의 행동 지침을 어떤 프로그램으로 설정하여야만 좀 더 안전한 상황이 될 것인가에 대한 일종의 윤리 문제를 다루고 있다. 이와 관련하여 최근 독일 정부가 자율주행 자동차의 사고 시 윤리적 행동 기준을 세계 최초로 마련하였다는 보도가 눈에 띈다. 독일이 **자율주행 3단계**인 제한적 자율주행 기술을 보유하여 자동차 업계를 거느린 나라로서 가장 앞서가는 것이 당연해 보인다.

더 시급한 문제는 자율주행차가 주행 중 **극단적**인 상황에 처하기 이전에 애초부터 일반 차량과 도로에서 같이 다닐 수 있는가이다. 즉, 자율주행 자동차의 도로교

직면
어떠한 일이나 사물을 직접 당하거나 접함

자율주행 3단계
도로의 일부 구간에서 일정 시간 동안 운전자의 감시하에 주변 차량을 인식하면서 자동으로 주행

극단적
중용을 잃고 한쪽으로 크게 치우치는 것

통 **수용성** 문제이다. 지금까지 도로에서 움직이는 모든 차량은 사람이 조작해 왔다. 운전은 사람이 도로의 상황과 주변 차량의 움직임을 인지하고 판단하고 반응해서 가·감속이나 **조향** 등 행동으로 연결하는 일련의 고도화 작업 과정이다.

사람들은 자신의 차량을 운전하는 동안 도로상에서 주변 차량과의 모든 상관관계를 교통법규의 틀과 도로교통 수용성 측면에서 그동안 습득된 자신의 운전 경험을 토대로 해결해 나간다.

수용성
사물을 받아들이는 능력

조향
방향을 틈

> 예를 들면, 서울에 있는 집에서 출발해 고속도로와 국도 및 지방도를 거쳐 세종에 있는 직장까지 약 130km를 2시간 정도 주행한다고 가정해보자. 그 차량은 수백 대 이상의 주변 차량을 추월하거나 그들에게 추월을 허용하고 때로는 앞차를 따라붙거나 간격을 벌리기도 할 것이다. 또는 차로변경으로 끼어들거나 끼어듦을 허용하기도 할 것이다. 사람은 이 모든 상호 관계를 안전하게 해결해 오고 있다.

자율주행 차량이 이러한 모든 상황에 대하여 사람이 조작하는 것처럼 완벽하게 대처하는 것은 불가능하다. 특히 때로는 **추월**이나 끼어듦을 적절하게 허용하거나 주변의 상황에 맞춰 차량 간격을 **탄력적**으로 조절하는 능력과 관련하여 레이다나 라이다, 영상 센서 등에 의존하는 2단계 혹은 3단계 수준의 자율주행 차량이 사람의 능력에 근접하는 것은 현실적으로 쉽지 않다.

2030년경에는 도로에서 주행하는 차량의 약 10~15% 정도가 자율주행 차량일 것으로 예상한다. 낙관적인 예측에 의하면 2040년경에는 10대 중 5대 정도의 비율로 3단계 혹은 4단계 수준의 자율주행 차량이 일반 차량과

추월
뒤에서 따라잡아서 앞의 것보다 먼저 나아감

탄력적
상황에 따라 알맞게 대처하는 것

혼재되어 도로를 달릴 것이다. 즉, 앞으로 수십 년 동안 모든 차가 자율주행차로 바뀌기 전까지 우리는 도로교통 **수용성** 문제를 해결해야 한다.

도로의 구조적인 문제의 보완도 여기에 포함된다. 일반 차량 주행을 전제로 설계된 도로의 진·출입부, 연결부, 곡선부, 교차 구간, 터널 및 교량 구간, 회전 구간 등에 대한 **보완적** 기준이 마련되어야 한다. 또한, 일반 차량과 자율주행 차량이 혼재된 상황에서 도로의 교통량을 최적으로 유지하는 밀도 및 속도에 관한 보완적 이론을 연구하고, 그것을 기반으로 교통 **수요** 관리 등 **거시적**인 관점의 정책을 수립해야 한다.

주행 및 교행, 앞차와의 간격 유지 및 속도 변화, 차로 변경 도로의 종류 및 구간별로 혼재된 차량들 사이에서 이것이 안전하게 이루어질 수 있도록 하여야 한다. 이를 위해 사람과 기계가 인식할 수 있는 교통표지 및 정보 제공, 교통 관리 및 운영, 진·출입 및 교차로 제어 등 고도화된 시스템 개발이 병행되어야 한다. 그 기반이 될 차량 간, 차량과 도로 간 초연결성(V2X) 확보 및 차량의 정밀 측위가 가능한 도로 정밀지도 등 디지털 인프라 기반의 정보화 도로를 구축하는 효율적인 방안도 찾아내야 한다. 그렇게 되면 2030년에 3단계 자율주행 차량이 일반 차량들과 혼재되어도 도로는 문제없이 수용할 수 있다. 그래야만 4단계 완전 자율주행 시대를 대비한 자율주행의 윤리적인 문제도 쉽게 풀 수 있다.

수용성
다른 것으로부터 사물을 받아들이는 능력

보완적
모자라거나 부족한 것을 보충하여 완전하게 함

수요
어떤 재화나 용역을 일정한 가격으로 사려고 하는 욕구

거시적
사물이나 현상을 전체적으로 분석하고 파악하는 것

교차로 통행

도로에서 차량이 평면 교차할 때 어느 차량이 먼저 진행할지를 결정하는 것을 교차로 **통행우선권**(Right of Way)을 부여한다고 한다. 여기에는 대표적으로 두 가지 방법을 꼽을 수 있는데, 바로 신호등 설치 여부에 따라 구분되는 신호 교차로와 비신호 교차로이다. 온 국민이 잘 알고 있듯이 신호 교차로에서는 신호등의 **등화** 색깔에 따라 정지와 진입으로 우선권이 부여된다. 반면 비신호 교차로는 그렇지 않다. 비신호 교차로에서는 신호등 대신 일단정지(STOP)나 양보(YIELD) **표지**가 있어야 통행우선권이 정해진다.

미국, 유럽 및 일본에서는 일단정지가 있는 교차로에서 반드시 차량이 완전정지를 한 후에야 통행우선권이 주어진다. 뒤따

통행우선권
차량이 먼저 진입할 수 있는 권리

등화
등불의 다른 말

표지
표시나 특징으로 어떤 사물을 다른 것과 구별하게 함

◀ 교차로

르는 기준은 두 가지로 구분되는데, 첫 번째로 먼저 정지한 차량이 먼저 진입하는 4-Way Stop이 있고, 두 번째로 주도로 주행 차량의 간격을 확인하고 진입하는 2-Way Stop이 있다.

우리나라 역시 도로교통법에 신호가 없는 교차로 통행 방법으로 일시 정지에 대한 규정이 있다. 그러나 표지판 설치가 제대로 되어있는 교차로를 찾아보기 힘들고, 표지판이 있다고 해도 그 지시를 따르는 사람은 거의 없다. 대신, 정지하지 않고 먼저 진입하면 통행우선권을 차지한다. 차량 간에 **상충**이 지속되어 **경미한** 사고가 자주 발생하는 이유가 여기에 있다. 이 때문에 차량 통행이 많지 않아 신호등을 설치하는 기준에 못 미치는 마을 내 도로나 **이면도로** 교차로에도 신호등을 설치하는데, 이는 도로효율을 떨어뜨릴 뿐만 아니라 신호 위반도 유발하여 때로는 대형 충돌사고와 치명상을 불러오는 결과를 초래한다.

신호등을 없애고 대신 회전 교차로로 전환하는 사업이 도시별로 추진되면서 최근 교통량이 많지 않은 교차로에서 전국적으로 약 400여 개의 회전 교차로가 설치되었다. 회전 교차로는 비신호 교차로에서 일단정지 표지 없이 통행우선권을 부여하는 대표적인 형태 중 하나이다. 그런데 어느 차량에 통행우선권이 있는지를 정확히 아는 운전자는 많지 않다. 진입하는 차량이 우선인 일반 **로터리**와는 달리 회전 교차로에서는 회전하는 차량이 우선권을 갖는다. 회전 교차로에 진입하는 차량은 진입 전 속도를 줄여야 하고 회전하는 차량이 있을 시 반드

상충
사물이 서로 어울리지 아니하고 마주침

경미하다
가볍고 아주 적어서 대수롭지 아니함

이면 도로
보도와 차도가 확실하게 구분되지 않은 폭 9m 미만의 도로

회전 교차로
교통 신호 없이 원형의 교통섬을 중심으로 반시계 방향으로 회전하면서 통과하는 교차로

로터리
교통이 복잡한 네거리 같은 곳에 교통정리를 위하여 원형으로 만들어 놓은 교차로

◀ 회전 교차로

시 일시 정지하여 진로를 양보해야 하는 것이 안전 수칙이지만 잘 지켜지지 않는 듯하다.

> 도로교통공단에 따르면 2013년 이후 회전 교차로 교통사고가 매년 증가하여 2016년의 경우 전국적으로 800건이 넘는 사고로 인해 15명이 사망하고 1,200명 이상의 부상자가 발생했다고 한다.

　2020년 중반쯤에는 열 대 중 한 대꼴로 자율주행 차량이 보급될 것으로 예상한다. 즉, 도로에서 자율주행 차량과 일반 차량이 혼재될 것이다. 이 경우 교차로 통행 상황을 가정해보자. 신호 교차로에서는 차량의 센서나 신호제어기의 **현시** 정보로 인해 자율주행차는 통행우선권을 정확히 인지하고 일반 차량과 특별한 상충 없이 주행할 수 있을 것이다. 반면 비신호 교차로에서는 조금 복잡한 상황이 전개될 듯하다. 특히 자율주행 차량이 회전 교차로에서 회전 시, 진입하는 일반 차량이 일시 정지를 한 후 양보해야 한다. 그런데 일반 차량이 이 모호한 안전 수칙을 준수하지 않는다면 자율주행 차량은 센

현시
열차 또는 차량에 대한 현재 신호 지시

자율주행 혁명

복원
원래대로 회복함

서 작동으로 인해 정지하게 되어 교차로를 빠져나가기 힘든 상황이 벌어질 수도 있다. 차라리 자율주행 차량 운전자는 회전 교차로 진입 시 수동 모드로 전환하고 진출 후에 다시 자율주행 모드로 **복원**하는 것이 더 나을 수도 있다. 결과적으로 잘 지켜지지 않는 통행우선권 문제가 4차 산업혁명의 대표주자 중 하나인 자율주행 차량이 시장에 보급되는 것에 장애 요소로 작용할 가능성이 크다. 이것이 도로의 형태나 특성에 상관없이 무조건 먼저 진입하는 쪽이 우선이 되는 우리의 운전 문화를 개선해야 하는 이유이다. 아울러 도로교통법에 모호하게 명시된 교차로 통행 방법에 대한 규정도 대폭으로 재정비하여 자율주행 차량과 일반 차량이 서로 상충 없이 도로 위에 존재할 수 있도록 준비할 때이다.

신호등이 있는 교차로에서는 도로에서 차량이 서로 평면 교차할 때 신호등 등화 색깔에 따라 교차로 통행우선권(Right of Way)이 주어진다. 신호 교차로는 주로 네 개의 진행 방향(4지 신호 교차로)에서 진입하는 차량에 일정 시간 동안 녹색 신호를 표시하는 현시(Phasing)를 주어 각 방향의 차량이 서로 상충하지 않게 통행하도록 규칙을 정하여 운영하고 있다. 때로는 세 개의 진행 방향이 있는 3지 교차로(혹은 T형 교차로)도 있고, 드물지만 어떤 곳에서는 5지 교차로도 있다.

▶ 신호등

신호등에서 표시되는 등화 색깔에 따라 신호 교차로에 진입하는 차들은 교차로를 진입하여 통과할 수 있다. 이렇게 일정한 방법으로 신호를 등화 하는 장치를 **신호제어기**라고 한다. 현재 기술로는 교차로에서 진입하는 차량의 수를 도로에 **매설**된 검지기를 통해 일정한 간격으로 측정한다. 그리고 측정 결과에 따라 신호의 전체적인 주기를 정하고 방향별로 필요한 녹색 현시를 배정하는 실시간 제어(Real Time Control)가 가능하다. 이는 1990년대 서울시 교통 혼잡 해소 방안으로 경찰청에서 표준으로 도입한 COSMOS라고 불리는 한국형 실시간 신호제어 시스템으로 다수의 지자체에서 도입하여 운영하고 있다. 그러나 COSMOS는 전통적인 매설 방식의 **루프 검지기** 정보를 기반으로 하여 교차로 진입 방향별 차량의 밀집 정도를 측정하여 신호 운영을 한다. 그러므로 진정한 의미의 실시간 신호제어로 볼 수는 없다. 또한, 도로에 매설된 루프 검지기는 시간이 지나 유지·보수가 잘되지 않으면 검지기 기능을 상실하게 된다.

신호제어기
신호기의 신호 주기를 변경하는 제어기. 일반적으로 시간대에 따라 신호 주기를 변경

매설
땅속에 파묻어 설치함

루프 검지기
차량의 유무, 속도, 크기 등을 검지하는 장치

전국에 신호제어기가 설치된 교차로는 대략 5만 곳에 이른다. 그중에서 실시간 신호제어기가 설치되어 운영되는 곳은 그 10% 정도인 약 5천 곳뿐이다. 나머지는 중앙에서 제어기가 설치된 교차로와 온라인으로 신호주기나 현시를 조정하는 전자식 신호제어기 아니면 온종일 일정한 시간대에 미리 맞춰놓은 주기와 현시를 반복적으로 표시하는 시간대 제어기 혹은 고정식 제어기가 대부분이다.

운전을 하다 보면 누구나 한 번쯤은 경험했을 신호 교차로에서의 상황을 그려보자. 아침저녁으로 혼잡한 시간대의 복작거리는 도로가 아닌, 조금은 한산한 시간대에 **교통량**이 한적한 교차로에 진입하다 적색 신호를 받아 정지했다고 가정해보자. 다른 방향에서 진입하는 차

교통량
일정한 곳을 일정한 시간에 왕래하는 사람이나 차량 따위의 수량

량은 거의 없는 상태에 다시 녹색 신호를 받으려면 최소 주기로 설정된 1분 30초, 2분, 어떤 경우는 3분을 기다려야 한다. 그래도 **간헐적**으로 다른 방향에서 차량이 진입하면 그 시간이 길게 느껴지지 않겠지만, 차량이 전혀 없는 상황이라면 신호를 위반해서 교차로를 통과하고 싶은 충동을 느낄 수도 있다. 신호제어기가 현 상태를 바로 인식해서 미리 설정된 주기 시간을 재조정하여, 기다리는 차량에 녹색 신호를 바로바로 현시해주면 안 될까 하는 의문이 든다. 이런 경우 주기는 왜 그렇게 길게 정해져 있는지 현시의 순서는 또 왜 필요한 것인지 의아할 수밖에 없다. 불합리한 신호제어 시스템이 위반 행위에 대한 충동을 일으키도록 방치되고 있고, 때로는 그로 인해 교차로 내 중대형 교통사고를 유발할 가능성을 내포하고 있다.

개별차량 정보 기반의 검지 체계가 통신 기술의 급속한 발전과 스마트폰 보급 확대에 따른 실시간 무선통신을 기반으로 점차 확대되어 가고 있다. 이제 곧 신호제어기와 차량의 모바일을 통해 **초연결성**(V2X)이 확보되면 신호 교차로에서 불합리하게 기다리거나 신호 위반에 대한 충동을 더 이상 느끼지 않아도 될 것이다. 고정된 주기를 미리 정하지 않아도 되고, 신호 현시의 순서도 늘 같은 순차적인 방식으로 운영하지 않아도 될 것이다. 필요한 방향에 필요한 만큼의 차량이 교차로를 통과할 수 있도록, 필요한 시간을 바탕으로 **주기**와 **현시**를 배분해서 등화 하게 되는 것이다.

간헐적
얼마 동안의 시간 간격을 두고 되풀이하여 일어남

초연결성
사람과 사람, 사람과 사물, 사물과 사물이 연결된 성질

주기
어떤 현상 혹은 특징이 한 번 발생한 후 다시 되풀이되기까지의 기간

현시
열차 또는 차량에 대한 현재 신호 지시

자율주행 교통 문화

2020년대 중반쯤 되면 도로를 주행하는 차량은 열 대 중 한두 대꼴로 자율주행 기능을 탑재하고 있을 것이다. 따라서 내 차 주변에서 운전자가 핸들에서 손을 떼고 전방을 주시하지 않고 스마트폰 조작을 하는 등 색다른 광경을 볼 수 있을 것이다. 사람이 운전하는 차량과 기계가 운전하는 차량이 도로에서 함께 주행하는 상황이 벌어지는 것이다.

2050년쯤에는 대부분의 차량이 자율주행차로 바뀔 것이다. 그러나 그때까지 수십 년 동안은 도로에서 사람과 기계가 운전하는 차량이 공존해야 한다. 사람과 기계 중 누가 운전을 더 잘할까보다는 과연 이 둘이 잘 조화될 수 있을까 하는 의문이 앞선다. 그래야만 자율주행 차량이 **도입**되어도 도로교통 상황이 지금보다 나빠지지 않고 오히려 개선되며, 교통사고도 줄이고 도로용량도 늘려 **지·정체** 없이 도로의 흐름이 원활하게 유지될

도입
기술, 방법, 물자 따위를 끌어 들임

개선
잘못된 것이나 부족한 것, 나쁜 것 따위를 고쳐 더 좋게 만듦

지체
때를 늦추거나 질질 끎

정체
사물이 발전하거나 나아가지 못하고 한 자리에 머물러 그침

수 있을 것이다.

사람과 차량의 공존 어떻게 하면 사람이 운전하는 차량과 기계가 운전하는 차량이 도로에서 조화롭게 **공존**할 수 있을까? 기계는 음주운전도 하지 않고 졸지도 않으며 전방주시 태만도 없을뿐더러 도로교통법규도 어기지 않고 보복 운전도 하지 않는다. 안전거리 유지, 차로 변경이나 끼어들기도 미리 짜인 프로그램의 범위 내에서 수행한다. 그렇다면 기계에 의존하는 자율주행차는 무사고를 보장할 수 있을까? 그렇지 않다. 일반 차량과 **혼재**되는 현실적인 도로 여건에서 주행을 해야 하기 때문이다. 사람은 차량 운전 시 수백만 가지의 상황 인식 및 **인지** 반응 등 고도로 지능화된 기능을 수행하지만 기계는 아직 그렇지 못하다. 미리 정해진 도로교통 및 안전운전에 관한 규칙의 **범주** 이상으로 복잡하고 다양한 사람들의 운전행태와 도로교통 특성에 기계가 능동적으로 대응할 수 없기에 사고의 가능성은 늘 존재한다.

교통류 충격파 운전을 하다 보면 사고나 공사로 인한 직접적인 도로 흐름 방해 요인이 없음에도 지·정체가 발생하는 경우를 만난다. 바로 유령 정체 혹은 유령 여파(Phantom Shockwave)라고 불리는 교통류 충격파가 원인인 현상이다. 차들이 도로용량에 근접하여 서로 촘촘하게 붙어 주행하는 상황에서 일부 운전자의 급가감속, 무리한 끼어들기, 보복 운전 등 예측 불가능한 운전행태는 뒤따라오는 차량들의 브레이킹을 유도한다. 그럼

공존
서로 도와서 함께 존재함

혼재
뒤섞여 있음

인지
어떤 사실을 인정하여 앎

범주
동일한 성질을 가진 부류나 범위

▼ 교통 정체

으로써 안정된 교통류 흐름을 깨는 충격파를 유발한다. 이렇게 발생한 유령 여파는 좀처럼 빨리 풀리지 않으며 충격파의 파장이 클 경우에는 대형 교통사고가 발생하기도 한다.

> 고속도로나 국도의 터널 및 교량 등에서 심심치 않게 발생하는 정체 현상이나 수십 중 추돌사고 등이 대표적인 경우이다. 결국 나만 편하게 빨리 가면 된다는 일부 운전자의 부적절한 운전행태는 고비용의 사회적 대가를 치르게 한다.

제한속도 그러한 현상을 방지하기 위한 수단으로서 고속도로나 국도 등 자동차 전용도로를 달릴 때 운전자들이 가장 주의해야 하는 표지는 바로 제한속도(Speed Limit)이다. 제한속도는 교차로가 없는 연속류 도로 체계에서 적용되는 가장 큰 주행 규제로, 그 이상의 속도로 주행하지 말라는 의미로 주행 최고속도를 정한 것이다. 제한속도 이상으로 주행하면 일부 지점이나 구간에 설치된 단속 카메라에 의해 촬영되고 위반고지서가 발급되어 위반 정도에 따른 벌금과 벌점이 부과된다. 물론 도로에 설치된 단속카메라와 차량 속도를 판단하는 루프 검지기 등 기계적인 장치의 오류를 어느 정도 인정해서 단속 범위에 다소 여유를 두고 있기는 하다.

제한속도는 도로의 종류 및 도로 구간에 따라 다르게 설정되어 있다. 고속도로의 경우 대부분은 100km/h로 설정되어 있으나, 서해안고속도로나 중부고속도로 등 도로의 **종단** 선형이나 **횡단** 선형이 비교적 괜찮은 도로들은 110km/h의 제한속도가 적용되어 있다. 경부고속도로는 구간별로 다른데, 서울에서 천안 간은 110km/h이

종단
남북의 방향으로 건너가거나 건너옴

횡단
동서의 방향으로 가로 건넘

이남
어떤 지점을 기준으로 하여 그 남쪽

결빙
물이 얾

영동고속도로
인천광역시 서창분기점에서 강원도 강릉시 강릉분기점에 이르는 고속국도로

선형개량 공사
(도로)선의 형태를 일부 대치 또는 개선하여 효율 향상을 도모하는 공사

군집
사람이나 건물 따위가 한곳에 모임

고 그 **이남**은 100km/h로 설정되어 있다.

그런데 예전부터 이 제한속도 설정에 대해 많은 지적과 개선의 목소리가 들려 왔다. 비가 와서 도로에 물이 고이거나 눈이 와서 **결빙** 현상이 일어나더라도 제한속도는 그대로 유지되기 때문이다. 서해대교나 **영동고속도로** 대관령 터널 부근과 같이 안개가 갑자기 발생하는 상황이 빈번하게 일어나는 구간에서도 제한속도는 바뀌지 않는다. 경부고속도로 상행선 판교-양재 구간이나 외곽순환고속도로의 중동-송내 구간처럼 거의 종일 정체가 발생하는 구간도 제한속도는 그대로이다.

도로의 확장공사나 포장공사, 선형개량 공사 시 고속도로나 국도 등의 해당 구간에서 임시로 제한속도를 떨어뜨려 적용하는 사례(예를 들어 100km/h → 80km/h)도 흔치 않게 볼 수 있다. 제한속도를 떨어뜨리는 것은 차량들이 공사 구간에 진입하기 전 속도를 점진적으로 줄이도록 유도하여, 해당 구간에서 급속한 감속이 일어날 때 발생하는 충격파(Shockwave)를 완화하기 위함이다. 차량들의 속도는 낮아지지만 오히려 교통류 흐름을 원활하게 유지하여 혼잡에 따른 여파가 줄고 추돌사고 위험성 또한 감소한다는 연구 결과가 이를 뒷받침하고 있다.

차량 수가 도로가 처리할 수 있는 시간당 교통량의 한계치인 용량(Capacity)에 근접하면 교통류 흐름이 **군집**(Platoon)의 형태로 유지되는 상황이 전개된다. 시간(3,600초)당 교통량이 1개 차로당 약 1,800대가 되면 용량에 이르게 되고, 차량 간 평균 차두시간(Headway) 간격은 약 2초를 유지한다. 이때 선행 차량이 브레이크를 밟는 등

속도 변화가 있을 때 같은 속도로 일정한 간격을 유지하며 따라가는 차량들이 연차적으로 브레이크를 밟으면서 속도가 줄고 밀도가 높아지는 현상을 충격파라고 부른다. **밀도**(Density)는 도로의 단위 구간(1km)에 주행하고 있는 차량 대수를 의미한다. 충격파는 밀도와 속도 간 비율의 변화량에 따라 크기가 정해지는데, 고속으로 군집을 이루어 주행하는 차량들의 밀도가 높아지는 상황에서 더 크게 발생한다. 한 번 발생한 충격파는 안정된 교통류를 깨뜨리고, 그 여파로 교통 혼잡이 가중되면서 심한 경우 **연쇄적**인 추돌사고로 이어질 수 있다.

밀도
빽빽이 들어선 정도

연쇄적
서로 연결되어 관련이 있는 것

해외의 경우 스웨덴을 비롯한 대부분의 유럽 국가들과 텍사스주를 비롯한 미국의 여러 주, 그리고 호주 및 뉴질랜드에서는 가변속도제어를 확대 시행하고 있는 추세이다. 연속류 도로에서 발생하는 충격파를 가장 효과적으로 줄이면서 교통류 흐름을 향상하는 결과가 나타나기 때문이다. 물론 해당 국가들은 이미 십수 년 전부터 가변속도제어 시스템 운영에 관한 기술적인 노하우를 축적하고 국민들의 수용성을 확보하여 왔기에 실질적인 효과를 얻는 것이 당연해 보인다.

우리나라의 경우는 어떠한가? 수년 전 서해안고속도로의 서해대교 구간에서 안개로 인해 발생한 수십 중 추돌사고를 떠올리면 아직도 **연속류** 도로에 가변속도제어를 도입하지 않는 것이 의아하다. 도로교통법 등 관련법이나 **시행령**에서 적용을 막는 문제가 있는 것도 아니고, 도로상에 가변적으로 변화하는 속도의 숫자를 LED 혹은 다른 방법으로 표시하는 기술이나 가변속도

연속류
통제적인 외부 영향이 없는 흐름

시행령
어떤 법률을 시행하는 데 필요한 규정을 주요 내용으로 하는 명령. 일반적으로 대통령령

제어 시스템에 대한 소프트웨어 기술이 없는 것도 아니다. 가변속도제어 시스템의 효과에 대한 의문 혹은 국민들이 오히려 불편하다는 민원을 제기할지도 모른다는 우려가 첨단 시스템의 적용을 막는 원인이 아닐까 싶다.

가변속도제어가 효과적일 수 있는 구간을 우리나라의 교통 상황에서 실질적으로 꼽아보자면, 경부고속도로 천안 구간을 지나 천안-논산고속도로로 진입하여 남풍세IC에서 정안IC로 이어지는 약 12km의 구간이 있다. 이 구간에서는 교통량이 많은 평일 오전과 오후 첨두시간, 그리고 토요일에 여지없이 심한 정체가 나타난다. 이러한 현상은 도로 기하 구조가 주요 원인으로 지목된다. 해당 구간에서 정안IC로 이어지는 도로 중간에 있는 약간의 오르막을 지나면 곧바로 **차령터널**이 나타나 운전자들의 주행 안전 시야 확보에 영향을 미친다. 그로 인하여 유령충격파 혹은 유령 여파(Phantom Shockwave)가 발생한다. 운전자들은 정체의 원인이 터널 내에 있거나 주변에서 사고가 일어났을 것으로 예상하지만, 막상 터널을 통과해 보면 아무런 문제가 없다는 것을 알게 된다. 이것이 유령충격파에 의한 정체, 즉 유령 정체이다.

차령터널
충청남도 천안시와 충청남도 공주시를 연결하는 터널

> 이런 경우 본선의 교통량 증가에 따라 **차령터널**과 그 진입부 일대에 가변속도제한을 탄력적으로 적용해야 한다. 가변속도제한을 70km/h 혹은 90km/h로 설정하여, 애초 110km/h였던 최고속도를 수 km 전부터 점진적으로 줄이게 한다면 충격파로 인한 유령 정체를 상당 부분 완화할 수 있을 것이다. 물론 교통량이 적어지면 터널 내와 진입부의 속도는 원래의 제한속도인 110km/h로 다시 회복시키면 된다.

자율주행차의 보급이 확산하는 2020년 이후에는 자율주행의 2단계 혹은 3단계 기능을 갖춘 자율주행차와 일반 차가 도로에서 혼재되어 주행할 것이다. 교통량이 늘어나면서 혼재된 차량들이 밀집된 형태로 군집을 이룰 경우 일반 운전자는 평균 2초간의 차두시간을 유지하는 반면, 자율주행차는 앞 차량과의 **차두시간**을 1초~2초 사이에 0.1초 단위로 다양한 값을 설정할 수 있다. 그 상황에서 선두 차량의 급속한 감속으로 인해 발생하는 충격파는 어쩌면 이전보다 더 큰 문제를 야기할 수도 있다. 따라서 도로운영 관리를 담당하는 기관은 도로 구간별로 속도와 밀도를 실시간으로 **모니터링** 해야 한다. 그러며 충격파 발생의 원인이 예측되면 곧바로 가변속도제어를 통해 자율주행 차량이 혼재된 교통류의 흐름을 안정적으로 유지해야 한다. 이러한 적극적인 도로운영 관리의 해법을 자율주행차가 보급되기 전, 바로 지금부터 시행해야 할 것이다. 그래야 모든 운전자가 변화에 적응할 수 있는 충분한 시간을 가지도록 하여 새로운 시스템의 사회적인 수용성을 확보할 수 있을 것이다.

자율주행 차량이 혼재되는 교통류에서도 이러한 상황은 이어진다. 자율주행차 기능의 **오작동**으로 인한 문제도 일부 있을 수 있겠지만, 주로 일반 차량 운전자의 부적절한 운전행태가 안정화된 교통류 흐름을 **저해**시키는 요인이 될 것이다. 이 경우 충격파에 자율주행차의 대응 능력은 사람의 능동성에 미치지 못해 더 심각한 사고로 이어지고 결국 더 큰 **사회비용**을 요구한다.

도심지 도로에 신호등이 설치된 교차로의 통행 방법을 생각해 보자. 신호 교차로에서는 차량이 서로 평면으

차두시간
앞차의 차두와 뒷차의 차두가 어떤 지점을 통과하는 시간 간격

모니터링
진행 상황을 수시로 확인하여 감시 혹은 관리하는 것

오작동
기계나 전자 제품이 기능 이상으로 잘못 작동함

저해
막아서 못 하도록 해침

사회비용
생산이나 소비를 할 때 사회의 자원을 소모하는 경우 이를 포함한 비용

로 교차할 때 신호등의 등화 색깔에 따라 교차로 통행우선권(Right of Way)이 주어진다. 신호 교차로는 주로 4개의 진행 방향에서 진입하는 차량들에 일정 시간 동안 녹색 신호(Green)를 표시하는 현시(Phasing)를 준다. 그럼으로써 각 방향의 차량이 서로 상충하지 않게 통행하도록 규칙을 정해 운영하고 있다. 때로는 세 개의 진행 방향이 있는 3지 교차로(혹은 T형 교차로)도 있고, 드물지만 5지 교차로도 있다. 이렇게 일정한 방법으로 각 진행 방향에 통행우선권을 부여하기 위해 신호를 등화 하는 장치가 바로 신호 교차로마다 설치된 신호제어기이다.

신호 교차로에 진입하는 차량들은 신호제어기에서 배정되어 신호등에 표시되는 등화 색깔에 따라 통행우선권이 부여되어 교차로를 통과할 수 있다. 전 세계 공통으로 적용되는 사실상의 국제표준 통행 방법이다. 그런데 미국을 비롯한 영국 등 유럽 국가들에서는 신호 교차로에서 신호등 외에 별도로 부착된 표지판을 흔히 볼 수 있다. 'No Turn On Red(NTOR)', 즉 '적색 신호 시 (우)회전 금지' 표지이다. 이것은 우리나라에는 적용되지 않은 **소위** 진입 규제 표지이다. 진입하는 방향에 적색 신호가 등화 되어 있으면 직진하거나 회전(좌우)하는 차량은 반드시 정지하여야 한다는 뜻이다. 다른 방향의 차량들이 통행우선권을 부여받아 교차로를 진입해서 통과하고 있기 때문에 신호 위반과 더불어 충돌사고를 **미연**에 방지하기 위함이다.

우회전을 금지하는 이유는 무엇일까? 우회전할 경우 녹색 신호로 왼쪽에서 직진하거나 맞은편에서 좌회전하

소위
이른바

미연
어떤 일이 아직 그렇게 되지 않은 때

는 차량과 상충이 발생하면서 진로 방해가 되고, 지·정체가 빈번하게 일어나는 원인이 되기 때문이다. 교통량이 늘어날 경우 이 상충은 소위 충격파를 생성하게 되고 그 **여파**는 앞 막힘(Spillback) 현상을 만들면서, 교차로 내부의 차량들이 뒤엉키고 혼잡 상황으로 급변하는 결과를 초래한다. 또한 우회전 차량에 의해 상충이 발생하면 진행하고 있던 차량들의 우측 사각에 위험이 만들어지면서 충돌사고를 유발하기도 한다. 이것이 교통량이 상대적으로 많은 교차로에 교통류 효율성과 안전성을 높이기 위해 '적색 신호 시 (우)회전 금지(NTOR)'를 우선하여 적용하는 이유이다.

여파
어떤 일이 끝난 뒤에 남아 미치는 영향

'NTOR' 위반 시 미국에 있는 주 대부분에서 가장 중한 벌금과 벌점이 부과된다. 신호등 없는 교차로에 적용된 '우선 정지(STOP)' 표지와 같은 높은 수준의 통행법규 중 하나이다. 또한 이 제도는 교통 체계에서 적용되는 대표적인 네거티브 규제로 분류되는데 **비보호 좌회전**도 포괄적으로 여기에 포함된다.

비보호 좌회전
좌회전은 허용하면서 별도의 신호를 통해 운전자를 보호하지 않는 규정

우리나라에는 이 표지가 없다. 대신 적색 신호 시 우회전은 신호에 따라 진행하는 다른 차량과 보행자의 교통에 방해되지 않고 할 수 있다는 애매한 표현으로 규정되어 있다. 그래서 모든 사람들이 적색 신호에서도 우회전을 한다. 단지 보행 신호에 따른 보행자가 있을 때는 조심스럽게 정차한 후 우회전을 하기는 하지만 이 경우는 적색 신호에 해당되지 않는다.

> 적색 신호 시 우회전하는 차량에 의한 진로 방해 사례는 거의 모든 교차로에서 쉽게 찾아볼 수 있다. 전국에 신호제어기가 설치된 약 5만 곳의 교차로에서 거의 모든 운전자가 매일 한두 번은 경험할 수 있는 흔한 상황이다. 그래서 그런지 우리는 어느덧 자연스럽게 그리고 아무런 **문제의식** 없이 이러한 상황을 받아들이고 있다. 그러나 이것은 운전이 익숙하지 않은 초보운전자나 조만간 보급될 자율주행차에는 매우 위험한 상황으로, 안전에 위협적인 것은 분명하다.

문제의식
문제점을 찾아서 그에 적극적으로 대처하려는 태도

새로운 교통 체계 스마트시티 사업에 자율주행, 공유교통 등이 스마트 모빌리티라는 이름으로 추진되고 있다. 2020년 중반쯤부터는 **스마트시티**에 자율주행 차량이 일반 도시보다 훨씬 많이 보급될 것으로 전망된다. 자율주행차와 일반 차량이 혼재하게 되면 도심지 교차로에서 차량 간 상충이 다양한 형태로 발생하고, 교통 혼잡과 사고는 오히려 늘어날 것이다. 물론 고도의 인공지능 기술로 이를 해결할 수도 있겠지만, 통행규칙을 재정비해 시민들 스스로 지키도록 유도하는 것이 어떨까 제안해 본다. 지금부터가 'NTOR'과 같은 **선제적**인 교차로 통행 방법을 스마트시티부터 적용하면서 자율주행차 보급에 대한 사회적 **수용성**을 앞당길 때이다.

스마트시티
정보통신기술을 통해 도시의 주요 공공 기능을 네트워크화한 도시

선제적
선수를 치는 것

수용성
다른 것으로부터 사물을 받아들이는 능력

이제 도로에서 자율주행 차량을 수용해야 할 시기가 도래했다. 그러기 위해서 우리들은 차량 주행 시 도로교통법규의 범주 내에서 예측 가능한 운전행태를 보이는 성숙한 교통 문화를 만들어야 한다. 4차 산업혁명을 국가적인 **아젠다**로 준비하는 이때 뿌리 깊은 우리의 운전행태와 교통 문화를 다시 한번 돌아볼 필요가 있지 않을까. 다음 세대인 우리 후손들이 세계 속의 한국을 만들 수 있도록 지금 이 시기의 변화가 더욱 절실하다.

아젠다
의제, 실시 계획

이용자 중심 모빌리티

지금까지는 개인 이용자가 자신의 통행 스케줄에 맞추어 이동할 경우 자가용을 직접 운전하거나 대중교통을 이용하여 목적지에 도착하는 형태의 이동 패턴을 유지해왔다.

자가용의 경우 일단 목적지에 도착해서 주차할 곳이 있는지를 우선 확인하고, 어떤 경로로 그 목적지까지 갈 것인지에 대해 GPS를 이용한 **경로** 안내 장치인 내비게이션을 사용한다. 지하철과 버스로 대표되는 대중교통의 경우 지하철은 실시간 위치 및 도착 정보가 제공되지는 않는다.

버스의 경우 이미 우리가 스마트폰에서 확인할 수 있는 버스 정보 시스템(BIS)을 통해 위치 및 도착 정보를 실시간으로 확인하고 여러 가지 **환승** 경로를 결정해서 목적지에 도착한다. 따라서 예전에는 버스를 이용할 경우 목적지에 도착하는 시간이 교통상황에 많이 좌우되

경로
지나는 길

환승
다른 노선이나 교통수단으로 갈아탐

버스전용차로
도로의 차로 중 버스만 이용할 수 있는 전용차로

정기적
기한이나 기간이 일정하게 정하여져 있는

라스트 마일
마지막 1마일 내외의 최종 구간

학술적
학문과 기술에 관한 것

었지만, 서울시를 비롯한 대부분의 도시에서 **버스전용차로**(BRT)가 설치 및 운영된 이후로는 버스도 지하철과 마찬가지로 도착 시각에 대한 정시성이 어느 정도 보장되는 서비스가 가능해졌다.

대중교통의 이용 목적지에 도착하기 위해서는 여전히 기존에 공급자들에 의해 **정기적**으로 운행되는 대중교통을 그 일정에 맞춰 어떻게 이용할 것인지를 선택해야 한다. 해당 대중교통을 타거나 환승하기 위해 정거장까지 걸어가거나 혹은 다른 방법(예를 들면, 택시 혹은 마을버스)을 통해 정거장에 도착해야 한다. 모든 사람이 흔히 역세권이라고 일컫는 지역에 살 수는 없다. 따라서 주요 대중교통 정거장에서 도보로 접근하기 힘든 지역에 사는 이용자들에게는 주거지역에서 정거장까지 연결하는 소위 **라스트 마일**(Last Mile) 서비스가 반드시 필요하다. 택시나 마을버스 혹은 아주 드물지만 자전거를 이용하는 것이 라스트 마일 연계 방법일 수 있다. **학술적**으로 정의된 대표적인 라스트 마일 연계 방법으로는 가족이 자가용을 이용해 정거장에 내려주거나 태우고 오는 Kiss & Ride(K&R)와 자신의 차량을 직접 이용해 환승주차장에 주차한 후 대중교통을 이용하는 Park & Ride(P&R)가 있다.

K&R과 P&R의 경우 그 예로 미국 샌프란시스코 도심과 주변 해안 지역을 연결하는 대표적인 대중교통(도시철도)인 BART(Bay Area Rapid Transit) 사례를 찾아볼 수 있다. 샌프란시스코 도심을 벗어나면 수천 명 정도의 주민이 사는 마을에 BART 역이 하나씩 설치되어 있는데,

이 역은 철도 노선이 주로 마을 중심을 통과하는 것이 아니고 마을에서 2~3마일(약 4~5km) 떨어져 있다. 그래서 출퇴근 시간에 마을과 BART 역을 연결하는 도로에 수많은 차량이 밀집하게 되고 이는 해당 도로에 심각한 정체 현상을 야기하는 결과를 초래했다. 정상적인 상태에서는 라스트 마일 연계에 약 5~10분 정도의 시간이 걸리는 거리를 가면서 출퇴근 시간에는 1시간 이상을 소요해야 하는 상황이 벌어진 것이다. 이에 따라 최근 이 도시는 라스트 마일의 **시장성**을 인식하고 이를 풀기 위해 자율주행 전기 셔틀을 도입하여 시범 운행 중이다.

시장성
또는 어떤 재화나 용역의 판매로 이윤이 생길 가능성

이용자 맞춤형 모빌리티 서비스 기술은 스마트 교통 정보 통합 연계 기술로서 기존 대중교통 정보제공 서비스와 공유교통 수단, 초소형 전기차 등의 개인교통수단 등 신개념 교통수단 서비스의 통합 관리를 통해 모든 교통수단의 통합 환승 정보 제공 시스템을 구축하고 제공한다. 대중교통(버스, 지하철, 택시), 공유교통 수단, 개인 이동수단을 이용자 개인의 통행 스케줄에 맞게 통합하여 모바일 원터치 서비스(Mobility as a Service, Mobility on Demand, Mobile All Transit)로 제공한다.

스마트시티와 연계하는 모빌리티 서비스는 스마트시티 기반 기술(에너지 관리 시스템, 신재생 에너지 그리드 시스템 등)을 활용하여 이용자 개인 통행 스케줄 맞춤형 원터치 교통 정보 제공이 이루어진다. 여기에 대중교통, 셰어링

카, 렌터카, 초소형 전기차 등 모든 교통수단의 서비스와 스마트시티 기반 기술을 통합하는 모빌리티 통합이 이루어진다.

이용자 맞춤형 광역 통합 모빌리티 서비스 기술 개발을 위해서는 **광역** 개념의 스마트시티 간 모빌리티 통합 서비스의 통합 관리를 통한 모든 교통수단의 통합 환승 정보를 제공하는 시스템의 **구축**이 필요하다. 그 시스템을 기반으로 하여 다양한 모바일 원터치 모빌리티 서비스를 통해 과금 정책, 환승 정책, 대중교통별 운행시간, 대중교통별 기본료 등을 통합 연계한 모바일 원터치 광역 모빌리티 서비스가 제공될 수 있다. 이렇게 되면 이용자들은 평일 출퇴근 등 통행목적을 달성하기 위해 그동안 자가용을 이용하던 통행 방법을 굳이 자기 차를 이용하지 않아도 되는 모빌리티 서비스로 전환할 수 있다. 드디어 자가용 없는 이동의 자유를 누릴 수 있게 되는 것이다.

Mobility as a Service(MaaS)로 대변되는 모빌리티 통합 서비스의 개념이 바로 이것이다. 핀란드에서 시작된 MaaS 개념을 바탕으로 유럽 전 도시의 정부, 대학 및 **민간 기업**을 중심으로 이동의 자유를 향한 다양한 프로젝트가 진행되고 있고 여기에 관련된 정책과 규제 문제 해결이 뒤따르고 있다.

광역
넓은 구역이나 범위

구축
어떤 시설물 혹은 체계를 쌓아 올려 만듦

민간 기업
관청이나 정부 기관에 속하지 않는 기업

> MaaS의 조기 상용화를 위해 몇 가지 비전이 제시되는데, 다양한 MaaS 서비스 주체들 간의 교류, 사용자 중심의 교통 서비스 제공, 단기-장기 및 지역-범국가적이며 지속 가능한 목표 설정, 규제, 정책, 법규 등 다양한 분야에서의 MaaS 보급 지원이 그것이다.

MaaS 보급을 위하여 이용자들의 이동 관련 데이터에 대해서도 **권고**사항이 제시되고 있는데, 더 나은 서비스를 위한 데이터 생성, 생성된 데이터를 활용한 서비스 제공, 그리고 모든 서비스 통합을 위한 서비스 **인터페이스** 제공이 그것이다. MaaS의 리더 격인 핀란드의 경우 MaaS 관련 기업인 MaaS 글로벌을 중심으로 MaaS 상용화를 위한 다양한 사업을 추진하면서 다음과 같은 서비스 시장 **확산** 전략을 제시하고 있다. 하나의 사업자가 모든 교통수단을 관리하는 방법, 다양한 사업자가 모든 교통수단을 관리하는 방법, 그리고 다국적의 다양한 사업자가 모든 교통수단을 관리하는 방법이 그것이다.

이제 얼마 지나지 않아 유럽의 주요 도시들에서 자가용 이용이 **획기적**으로 줄어들고 MaaS로 대표되는 모빌리티 서비스가 이용자들에게 이동의 자유를 주는 모습을 보게 될 것이다.

> **권고**
> 어떤 일을 하도록 권함
>
> **인터페이스**
> 사물과 사물 또는 사물과 인간 사이 소통의 물리적 매개체
>
> **확산**
> 흩어져 널리 퍼짐
>
> **획기적**
> 어떤 과정이나 분야에서 전혀 새로운 시기를 열어 놓을 만큼 뚜렷이 구분되는 것

이동의 자유를 향해

이동의 자유
사람이 원하는 시간에 원하는 목적지까지 편리한 수단과 방법으로 갈 수 있는 개인의 권리

Door to Door
출발지에서 목적지까지 곧바로 이루어지는 통행

척도
평가하거나 측정할 때 의거할 기준

효과 척도
시스템의 효과를 판단할 수 있는 측정치

그렇다면 모빌리티 혁명 시대를 사는 우리는 **이동의 자유**를 어떻게 누릴 수 있을까? 자율주행 기능이 장착된 자동차를 소유할 수도 있고, 전기차 보급과 함께 공유경제의 개념이 확산하면서 카셰어링을 이용할 수도 있으며, 운전자가 없는 대중교통 셔틀버스를 탈 수도 있는 시대가 앞으로 수년 내 우리의 교통환경이 될 것이다. 즉, 이러한 환경하에서 결국 나 자신의 통행목적에 맞게 출발지에서 목적지까지 **Door to Door**로 이동하는 가운데 본인이 느낀 이동의 자유가 어떠했는지 판단할 수 있을까 질문이 던져진다.

효과 척도 모든 사람은 자신만이 느낄 수 이동의 자유에 대한 **척도**(Measure)가 있을 것이다. 여기서는 객관성을 위하여 교통계획 분야에서 통행 수단 선택 시 사용되는 보편적인 **효과 척도**(Measure of Effectiveness: MoE)를 이용해서 통행의 자유를 판단해 볼 것이다.

효과 척도 중 대표적인 것이 시간(Time)이다. 이것은 출발지에서 목적지까지 도착하는 데 걸리는 통행 시간을 의미한다. 여기에는 목적지까지의 거리(Distance) **변수**가 **내포**되어 있으며 이를 시간으로 대비하면 속도(Speed)를 찾아낼 수 있다. 즉, 수학적으로 표현하면 **미분**(Derivation)을 의미한다. 출발지에서 목적지까지의 거리를 이동하는 데 걸린 시간으로 미분하면 평균속도(v=dx/dt)를 얻어낼 수 있으며, 이는 결국 얼마나 빨리 목적지에 도착했는지를 나타내는 척도가 된다.

변수
어떤 상황의 변화 가능한 요인

내포
어떤 성질이나 뜻 따위를 속에 품음

미분
어떤 공간을 아주 잘게 나누어 함수의 미분 계수를 구하는 일

속도의 의미는 다음과 같은 두 가지가 있다. 첫 번째 의미를 예시를 통해 살펴보기 위해 먼저 서울시청에서 천안시청까지의 거리를 약 100km로 가정하고 세 사람(A, B, C)이 각각 서울시청에서 출발해 각자의 수단과 경로로 천안시청에 도착한 후 그들의 통행 시간을 비교해 본다. 예를 들어, 사람 A는 1시간이 걸려 도착하고 B는 1시간 반이 걸렸으며, C는 2시간이 걸렸다고 가정해보자. 여기서 세 사람의 이동 시간 평균은 1시간 반이다. 그러면 B는 평균적인 시간에 목적지에 도착한 것이고 A는 평균보다 빨리 왔으며, C는 평균보다 늦게 도착하였다. 이동 시 속도는 A는 100km를 1시간으로 나누면 100km/h, B는 1.5시간으로 나누면 66.7km/h, C는 2.0시간으로 나누면 50km/h로 계산된다. 결국 A는 C보다 두 배 빠른 속도로 목적지에 도착한 것으로 볼 수 있다.

속도 표시 또 다른 의미의 속도를 표시하기 위해 앞의 세 사람에게 서울시청에서 출발해 천안시청으로 가면서 1시간 뒤에 휴대전화를 통해 각각 어디까지 이동했

는지 그 이동 거리를 알려달라고 해보자. A는 1시간 뒤에 100km를 이동했다고 알려왔고, B는 66.7km를, C는 50km를 이동했다고 알려왔다고 가정하자. 이 경우 속도는 각각이 이동한 거리를 모두 동일하게 1시간으로 나누면 구할 수 있다. A는 100km를 1시간으로 나누어 100km/h로, B는 66.7km/h로, C는 50km/h로 산출된다. 이때 속도를 구하는 방법은 앞서 천안시청까지 도착한 후에 이동에 걸린 시간으로 나눈 방법과 다르다.

세 사람의 평균속도는 이에 따라 그 의미가 달라진다. 교통공학 분야에서는 첫 번째 평균속도, 즉 주어진 거리(위의 예에서 100km)를 이동한 후 걸린 시간으로 나누는 방법을 **공간평균속도**(Space Mean Speed: SMS)로 표시한다. 이 경우 공간평균속도 SMS=(100+100+100)km/(1.0+1.5+2.0)h=66.7km/h가 된다.

두 번째 평균속도 즉 주어진 시간(위의 예에서 1시간)에 이동한 거리를 그 시간으로 나누는 방법을 시간 평균속도(Time Mean Speed)로 표시한다. 이 경우 시간 평균속도 TMS=(100+66.7+50)km/(1+1+1)h=72.2km/h가 된다. 시간 평균속도는 항상 공간평균속도보다 크거나 같게 나타난다(TMS ≥ SMS). 수학에서 이야기하는 **산술평균**과 **조화평균**에 대한 비교와 같은 개념이다.

공간평균속도
특정 순간에 도로의 일정 구간에 존재하는 차량 속도의 평균 값

산술평균
자료의 합을 그 개수로 나눈 값

조화평균
일이나 능률의 예에서 평균을 구하는 방식으로 n개의 양수에 대하여 그 역수들을 산술평균한 것의 역수

> 일반적으로 위의 두 가지 속도의 의미 중 하나를 가지고 목적지까지 빨리 갔다거나 아니면 늦게 갔다거나, 혹은 평균이 걸렸다는 표현을 쓰고 있다. 교통 체계에 적용되어 도로에서 차량의 속도 정보를 수집하고 가공하는 방법으로는 주로 시간 평균속도를 쓰고 있지만, 일상생활에서 사람들에게 통용되는 속도의 개념은 대부분 공간평균속도이다.

자가용을 이용할 경우 대부분 속도의 개념을 이용해서 이동에 소요된 통행 시간을 **산정**하고 결국 목적지까지 얼마나 빠르게 도착했는지를 따지는 척도로 사용한다. 반면 대중교통을 이용할 경우에는 이동속도 개념보다는 이동에 걸린 통행 시간 그 자체에 더욱 무게가 실린다. 우리나라에서 이동에 이용할 수 있는 대중교통은 버스(마을버스/시내버스/광역버스/시외버스/고속버스 등)와 철도(지하철/무궁화/새마을(iTX)/KTX 등)가 있다. 물론 장거리 이동에는 국내선 항공편 역시 대중교통의 범주에 포함되지만 보편적인 대중교통의 설명을 위해 여기서는 예외로 한다. 시간의 척도를 최우선으로 하여 대중교통으로 목적지까지 이동할 경우 중장거리의 이동에는 시외버스보다는 고속버스가, 무궁화호나 새마을호 열차보다는 KTX 혹은 **SRT**를 선택할 것이다. 또한, 시내 통행에는 정시성이 보장되는 지하철이 시내버스보다 선택 우선권이 있을 것이다. 그러나 최근 급속도로 보급된 버스전용차로로 인해 시내버스 및 광역버스도 정시성이 보장되는 측면이 높아져 선택의 폭이 넓어지고 있다.

비용(Cost)은 효과 척도의 또 다른 하나이다. 이것은 목적지까지 얼마나 저렴하게 이동했는가를 따져보는 잣대이다. 예를 들어보자.

자가용을 이용할 경우 유류비와 통행료, 그리고 주차비용을 직접비용으로 계상(計上)할 수 있다. 우선 100km를 주행하는 유류비를 산정해보면, 일반적인 승용차의 **연비**를 기준으로 1.0리터당 평균 10km(시내 도로 및 고속도로의 평균치)를 대입하면 연료를 10리터 사용한다. 이는 현

산정
셈하여 정함

SRT
2016년 12월 개통된 수서발 고속열차

연비
자동차가 단위 주행 거리 또는 단위 시간당 소비하는 연료의 양

톨게이트
요금소

편도
가고 오는 길 가운데 어느 한쪽

재 휘발유 가격 기준으로 약 16,000원 정도이다. 고속도로를 이용할 경우 통행료는 서울**톨게이트**에서 천안톨게이트까지 4,600원이 나온다. 천안시청에서 약 2시간 정도 업무를 본다고 가정하면 주차비는 2,000원 정도로 예상된다. 그러므로 서울시청에서 천안시청까지 자가용으로 **편도** 이동한 요금의 총액은 대략 23,000원 정도이다. 반대로 천안시청에서 서울시청으로 업무를 보러오는 경우 서울시청 주변에서 2시간 정도의 주차요금을 추가하므로 30,000원을 넘을 수도 있다. 물론 주차 가능 여부도 따져보아야 한다.

고속버스를 선택할 경우 강남 고속버스터미널에서 천안고속버스터미널까지 일반석은 5,400원이며 우등석은 7,100원이다. 여기에 서울시청에서 강남터미널까지 지하철이나 시내버스로 이동하는 경우와 천안고속버스터미널에서 천안시청까지 시내버스 요금을 합하면 대략 10,000원 정도가 나온다. 자가용 이용보다 훨씬 저렴한 것이다.

KTX를 선택할 경우 서울역에서 천안아산역까지 14,100원이 든다. 여기에 서울시청에서 서울역까지의 대중교통요금과 천안아산역에서 천안시청까지 시내버스 요금을 모두 합하면 대략 18,000원 정도이다. 이 역시 자가용 이용보다는 저렴하지만, 고속버스 이용보다는 비싸다. 고속버스로 이동하는 것보다 이동 시간이 훨씬 빠르고 **정시성**이라는 장점이 있어 높은 비용을 지불할 만한 가치가 있다고 판단되면 KTX의 선택이 이루어진다.

정시성
출발이나 도착이 정해진 시간에 이루어짐

통신 수단의 선택 결국 우리는 매일의 일정에 따라 각자 원하는 방법의 효과 척도(MoE)를 통해 통행 수단을 선택해서 이동한다. 현재까지도 가장 편리한 방법은 자신의 자가용을 직접 운전해서 Door to Door로 목적지까지 이동하는 것이다. 이동의 자유를 향한 편의성 측면에서는 자가용이 가장 유리하다.

> 그러나 비용과 시간의 효과 척도를 고려하여 대중교통을 이용하는 것과 비교해보면 위의 예시에서 나타난 것처럼 자가용을 이용하는 것이 가장 불리한 선택이다.

대중교통을 이용하는 경우 고속버스나 KTX 모두 몇 번에 걸쳐 갈아타야 하는 불편을 감수해야 한다. 대중교통 이용 시 어떤 경우에는 Door to Door를 위해서 많은 거리를 걸어가야 할 수도 있다. 그러나 시간적 여유가 있을 경우 오히려 다양한 수단을 상황에 맞춰 **취사선택**할 수 있어 이동의 자유 측면에서 자가용보다 유리하다.

에코는 얼마나 빨리 혹은 얼마나 저렴하게 이동하는가가 아니라 얼마나 친환경적으로 이동하는가를 기준으로 하는 잣대이다. 시간과 비용 척도 외에 이동의 자유 측면에서 고려해야 할 또 하나의 효과 척도이며 친환경 **변수**로 나타나는 녹색 요소이다. 친환경 조건에서 가장 우선적으로 배제되는 교통수단은 화석 연료(가솔린, 디젤 등)를 사용하는 기존의 승용차일 것이다. 최근 승용차 제원에 표시되는 평균 이산화탄소(CO_2) 배출량은 대표적인 중형차인 소나타를 기준으로 1km 주행 시 평균 140g 정도이다. 이렇게 1년에 1대당 2만km를 주행한다고 가정하면 차 한 대에서 연 2.8톤의 CO_2가 배출된

취사선택
여럿 가운데서 쓸 것은 쓰고 버릴 것은 버림

변수
어떤 상황의 가변적 요인

기후변화협약
지구의 온난화를 규제 및 방지하기 위한 국제협약

다. 여기에 우리나라 총 차량 대수인 약 2,100만 대를 적용하면 연간 약 6천만 톤의 이산화탄소가 자동차 배기가스로 산출된다. 이는 **기후변화협약**에 명시된 우리나라의 연간 이산화탄소 배출 총량인 5억 톤의 약 12%를 차지하는 수준이다. 본래 도로, 철도, 항공, 물류 등 수송 부문의 모든 요소에서 전체 탄소 배출 총량의 23~25%를 차지한다고 예측되는 것을 보면 자동차 이용으로 인한 CO_2 배출이 수송 부문 전체의 절반 수준을 차지하는 것을 볼 수 있다. 결국 개개인이 통행 선택 시 승용차 이용을 줄이고 대중교통으로 전환할 경우 이산화탄소 배출량을 줄일 수 있다는 가정이 가능하다.

> 예를 들면, 차량 1대당 연간 평균 통행 거리를 1만km로 줄이면 연간 3천만 톤의 CO_2를 줄일 수 있는데, 이는 우리나라 총배출량의 6%에 해당하는 엄청난 규모이다.

편의성
형편이나 조건 따위가 편하고 좋은 특성

Eco 척도
환경 영향 평가 기준

서울시청에서 천안시청으로 이동 시 Door to Door의 **편의성** 측면에 무게를 두어 자가용 이용을 선택했던 사람들이 **Eco 척도**를 자발적으로 적용해서 대중교통으로의 전환을 선택한다면 차량 1대당 100km 주행에 발생하는 CO_2 배출량을 각각 14kg 줄일 수 있게 된다. 만약 서울시나 천안시, 혹은 국토교통부나 한국도로공사 등 도로를 관리하는 관련 기관들이 자발적으로 승용차를 이용하지 않고 대중교통으로 이동 방법을 전환한 사람들에게 14kg에 해당하는 만큼의 점수, 소위 녹색 마일리지 포인트를 적립해주는 상황을 상상해보자. 그리고 녹색 마일리지를 향후 대중교통요금 할인이나 공원 및 전시관 무료입장 등 공익 용도의 포인트로 활용하게 한다면 아마도 많은 사람이 스스로 Eco 척도를 적용하는 방법을 택할 것이다.

국토교통부는 대중교통 카드에 보행 및 자전거 **마일리지** 개념을 도입한 광역 알뜰 교통카드 시범 사업을 이미 본격화하고 있다. 광역 알뜰 교통카드는 도보뿐만 아니라 공공자전거 이용 시 이를 마일리지로 적립하게 하고 향후 교통비를 할인받을 수 있게 하는 제도이다. 또한, 앞으로 본격화될 전기자동차 카셰어링 사업과 서로 연계하여, 궁극적으로 승용차 이용을 대중교통과 **공유교통**으로 전환함으로써 도시 **혼잡** 문제와 대기오염 문제를 동시에 줄이는 제도가 될 것이다. 그것은 시민들의 자발적인 참여를 통해 실현될 수 있을 것이다.

자가용 승용차 선택의 기준이 바뀌고 있다. 그동안은 대중교통이 원하는 시간에 출발지점에서 목적지점까지 Door to Door로 이동을 제공해 줄 수 없으므로 많은 사람이 자가용을 이용할 수밖에 없었다. 그러나 전기차 카셰어링 및 자율주행 셔틀 등 공유교통 시스템을 통하면 기존에 대중교통으로 연결할 수 없었던 라스트 마일을 연계할 수 있게 되고, 자가용 이용에 준하는 편리성을 얻을 수 있게 된다. 또한, 대기오염으로 인한 지구온난화의 사회적인 문제를 해결하려는 자발적인 참여가 확산한다면 줄곧 자가용을 이용해서 이동하던 통행 패턴이 대중교통 및 공유교통으로 빠르게 전환될 것이다.

이동의 자유 보장 궁극적으로 각자의 불편을 개개인이

마일리지
고객이 이용 실적에 따라 화폐 기능을 하는 점수를 획득하도록 하는 제도

공유교통
특정 교통수단을 여러 사람 혹은 지역이 공유하는 것

혼잡
여럿이 한데 뒤섞이어 어수선함

기회비용
한 품목의 생산이 다른 품목의 생산 기회를 놓치게 한다는 관점에서, 어떤 품목의 생산 비용을 그것 때문에 생산을 포기한 품목의 가격으로 계산한 것

저감
낮추어 줄임

주중
그 주 동안

업무통행
집에서 잠을 자고 아침에 일어나면 직장에 일을 하러 가는 것

효율
들인 노력과 얻은 결과의 비율

전반적
어떤 일이나 부문에 대하여 그것과 관계되는 전체에 걸친

어느 정도 감수하게 되면서 모든 사람이 진정한 이동의 자유를 보장받을 수 있는 시대가 올 것이다. 그 시대에는 교통 혼잡비용 등 수많은 사회적 **기회비용**을 절약할 수 있게 된다. 또한, 주차공간 등 도시 인프라를 다른 용도로 활용할 수 있게 되는 등 사회적인 부가가치는 더욱 늘어날 것이다. 승용차 수요의 **저감**은 도로의 효율성을 높여 대중교통은 더욱 빨라질 것이다. 그리고 라스트 마일이 필요한 결절 부분에 더 많은 공유교통의 공급이 가능해지면서 대중교통과 공유교통을 이용하는 통행 선택 시 시간, 비용, 에코 등 모든 효과 척도가 다양하게 적용될 수 있을 것이다. 특히 대부분의 **주중** 통행목적인 **업무통행**(Home to Work & Work to Home)에 있어 사람들이 더욱 다양한 방법으로 목적지까지 이동할 수 있는 선택지를 제공받으면서 승용차로 통행하려는 수요가 자연스럽게 억제될 것이다. 또한, 모든 도로를 포함한 교통체계 전반에 운영 **효율**이 향상되고 교통사고도 줄어들어 교통안전이 정착되며 대기오염 감소를 통해 지구온난화 문제 해결에 기여할 것이다.

결국 모빌리티의 혁명이 **전반적**인 교통 체계 환경을 바꾸면서 사람들은 자가용 승용차에 의존하던 기존의 제한된 통행 방법에서 벗어난다. 그리고 대중교통과 공유교통을 원하는 시간에 원하는 목적과 자신의 요구에 따라 마음대로 이용할 수 있는, 진정한 이동의 자유를 누릴 수 있는 시대를 맞이하게 된다.

IV
미래 모빌리티

- 미래 도시의 변화: 2차원에서 3차원으로
- 미래 3차원 교통 네트워크
- 가까운 미래 우리가 누릴 이동의 자유

미래 도시의 변화: 2차원에서 3차원으로

전 세계적인 인구밀도 집중으로 압축 도시 형태의 초고층 빌딩(Sky Scraper)이 급속도로 확산하고 있다. 그러면서 현재까지 수평 기반으로 구성되어 왔던 도시 구조는 수직 공간 이동이 가능하도록 새로운 교통 인프라 기반으로 변화하고 있다. 수직 기반의 3차원(3D) 공간 교통 네트워크는 현재의 도로/철도 등 수평 교통 인프라를 기반으로 하여 지하(Underground), 지상(Land), 공중(Mid-air)의 입체화된 인프라 및 교통수단을 포함한다.

> 최근 소개되고 있는 자율주행 자동차, 수직이착륙 차량(Vertical Take-off and Landing, VTOL), 개인 비행 차량(Personal Air Vehicle, PAV 혹은 Heli-Auto), 드론 차량(Drone Car) 등을 교통수단으로 응용하는 새로운 입체화된 수단 간 연계 및 환승 시설이 융복합된 시스템이 미래 3차원 교통 네트워크의 모습으로 그려진다.

지표면
지구의 표면 또는 땅의 겉면

3차원 공간상의 교통 시스템은 지하와 **지표면**에 구축되는 2차원 교통 네트워크와 달리 물리적인 시설이 존재하지 않아 자유도 3의 통행을 보장할 수 있다. 따라서 통행 수요는 실시간으로 **기종점**을 연결하는 경로(노드-링크)가 생성되고 소멸하는 동적 속성으로 나타난다. 이러한 3차원 교통 네트워크를 운영하기 위해서는 교통 인프라 및 교통수단 등 전체적인 교통 네트워크의 안전성 확보가 가장 중요하다.

기종점
통행의 출발점과 도착점

이동의 안전성은 자유도와 반비례하기 때문에 안전성을 확보하기 위해서는 이동의 자유도를 낮춰야 한다. 이동의 자유도가 3인 공간 이동 교통수단의 자유도를 낮추기 위해서는 기종점 간을 연결하는 가상의 선로를 생성하고 차량의 움직임을 시스템적으로 제어할 필요가 있다.

> 3차원 교통 네트워크로 이용되는 공간은 차량, 통신, 제어 시스템 등의 기술 수준에 따라 가변적으로 설정할 수 있다. 기술이 발전할수록 고밀도의 좁은 공간과 저고도 공간의 이용이 가능해질 것이므로, 3차원 교통 네트워크로 이용될 수 있는 공간은 더 넓어질 것이다.

디바이스
어떤 특정한 목적을 위하여 구성한 기계적·전기적·전자적인 장치

정보통신 기술(ICT)의 발전에 따라 시시각각 변화하는 다양한 환경에 익숙한 세대에게는 운전 중 차내에서 휴대폰을 이용하는 수준에서 더 나아가 각종 모바일 관련 장비를 차내에서 이용하는 것이 보편화되고 있다. 현재 확산된 스마트폰은 차량-ICT(VICT) 융합 기술을 응용하여 차량과 차량 간의 연결(V2V) 및 차량과 교통 인프라 간의 연결(V2I)을 가능하게 하는 대표적인 모바일 **디바이스**라고 할 수 있다. 차량이 공간을 이동하는 상황에서 정보통

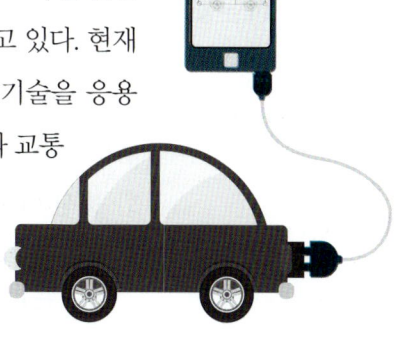

신 연계가 가능한 스마트폰을 통해 지하-지상과 공중을 포함하는 3D 공간 구조의 연계가 가능하게 되어 궁극적으로 차량-ICT 융합 기반의 3차원 교통 네트워크의 운영 체계를 구현할 수 있을 것이다. 즉, 스마트폰 기반의 차량-ICT 융합 네트워크는 수시로 변화하는 3D 공간 구조상의 도로 및 교통 상황 등 다양한 상황에 대응하는 서비스를 제공한다. 그뿐만 아니라 교통 체계 이용자들의 생체·신체 정보를 기반으로 한 편리한 **인터페이스**와 3차원 네트워크상에 존재하는 모든 차량의 주행 정보를 제공하여, 모든 운전자에게 안전하고 편리하며 지속 가능한 3D 교통 네트워크의 운영 체계를 제공할 수 있다.

효율적인 공간 이동이 가능하도록 하는 수직/수평 수송 체계 기반의 3D 교통 네트워크에서는 기존의 **고가도로**나 케이블카 등 물리적인 인프라가 진공 튜브나 신개념의 교량 및 터널 등으로 대체될 것으로 예측한다. 이 경우 차량은 다양한 수직이착륙 차량으로 발전하거나 자기장 진공 튜브를 운행할 수 있는 무가선 **모노레일** 형태로 진화하며, 건물의 출발지점과 도착지점도 동적 수송에 따라 수직 및 수평으로 이동이 가능하도록 자유도 2 기반하에 운영 및 제어될 수 있다. 장기적으로는 3차원 공간 이동 진공 튜브나 공간 교량 및 터널 등 인프라 구조물이 존재하지 않는 차량-ICT 및 인프라 융합 통신 네트워크 기반의 공간 구조로 **구현**될 수 있을 것이다.

미래 도시 구조 변화에 대한 다양한 논의가 진행되고

인터페이스
서로 다른 두 시스템, 장치, 소프트웨어 따위를 서로 이어 주는 부분. 또는 그런 접속 장치

고가도로
기둥 따위를 세워 땅 위로 높이 설치한 도로. 교차로나 험한 지형에 가로질러 만듦

모노레일
선로가 한 가닥인 철도. 차체가 선로에 매달리는 방식과 선로 위를 구르는 방식이 있음

구현
어떤 내용이 구체적인 사실로 나타나게 함

◀ 초고층화

인구밀도 집중에 따른 에너지 효율 및 경제활동 효율화를 위해 소규모 압축 도시의 역할 및 기능이 강조되고 있다. 특히 빌딩의 초대형화/초고층화(Skyscraper) 현상이 급속도로 확산하고 있어 이에 대한 새로운 교통 체계 변화가 자연스럽게 예측되고 있다. 초고층 빌딩으로 인한 도시 구조의 변화는 현재까지 수평 구조 기반으로 구성된 도로 및 철도 등 교통 인프라에 수직 구조 기반의 공간 이동이 가능하도록 하는 새로운 인프라의 필요성이 제기된다. 수평/수직 구조가 조화된 교통 인프라는 압축 도시에서 사람과 사물의 이동이 가능하도록 하는 도시 생활의 핵심 기반이 된다. 여기에 정보통신 기술(ICT)이 모바일과 융합될 경우 3차원 입체형 공간 교통 네트워크는 정보 기반 **클러스터**화(Cybernated Cluster)로 전이되어 미래 도시의 핵심 기반이 될 수 있다.

미래의 도시에는 초고층 빌딩이 세워질 뿐만 아니라 지하와 지상 공간을 포괄한 입체적 개발이 이루어져 압축 도시의 형태가 발전할 가능성이 다분하다. 도시의 형

클러스터
기업, 대학, 연구소 따위가 한군데 모여서 서로 간에 긴밀한 연결망을 구축하여 상승효과를 이끌어 낼 수 있도록 한 곳

태가 입체적으로 변화하게 되면 그러한 도시의 통행 수요를 서비스하기 위한 다른 형태의 교통 시스템이 요구될 것이다.

초고층 빌딩 간의 이동이 어떠한 모습으로 발전하게 될지는 알 수 없다. 그러나 도시의 공간 구조 변화에 따라 새로운 형태의 통행 수요가 발생할 것이고, 그러한 통행 수요를 서비스하기 위한 새로운 교통 시스템이 필요해질 것은 분명하다. 즉, 지표면에 기반을 두지 않은 3차원 공간상의 교통 시스템이 등장할 것이다. 따라서 이러한 3차원 공간상의 교통 시스템이 등장할 것에 대비하여 3차원 교통 네트워크에 대한 **논의**를 시작할 필요가 있다. 이에 대하여 다음 장에서 자세하게 알아본다.

논의
어떤 문제에 대하여 서로 의견을 내어 토의함

▼ 교통 네트워크

미래 3차원 교통 네트워크

3차원 교통 네트워크의 운영은 차량, 전자통신, **제어** 시스템 등 각종 기술의 발전 수준에 따라 상이하게 나타날 것이다. 영화에서처럼 차량의 성능이 매우 뛰어나 모든 차량이 자체적으로 정적, 동적 장애물들을 알아서 **회피**하면서 원하는 목적지까지 자동으로 이동할 수 있다면 3차원 교통 네트워크의 운영 시스템은 어쩌면 필요가 없어질 수도 있을 것이다. 3차원 교통 네트워크의 운영을 위한 초기 운영 방안으로 중앙집중형 혹은 분산처리형이 고려된다. 궁극적으로는 차량, 모바일-ICT, 제어 시스템 등 디지털 인프라를 융합하는 기술의 발전 수준에 따라 현실적인 구현 방안이 제시될 수 있다.

중앙집중형의 경우 차량이 3차원 교통 네트워크를 이용하여 원하는 목적지로 이동하기 위해서는 자기 차량의 현 위치와 목적지, 차량의 성능과 현 상태에 대한 정보 등을 차량-모바일 네트워크를 통해 관제 센터로 전

제어
기계나 설비 또는 화학 반응 따위가 목적에 알맞은 작용을 하도록 조절함

회피
일하기를 꺼리어 선뜻 나서지 않음

송하여 승인을 받은 후 3차원 교통 네트워크 인프라와의 통신 융합이 이루어진다. 관제 센터는 차량으로부터 전송받은 정보를 확인한 뒤, 차량의 이동 경로를 탐색하여 운전자에게 최적의 3D 기반의 경로 정보를 제공한 후 운전자가 목적지로 이동을 완료할 때까지 모바일-인프라 융합 네트워크를 통해 관제와 제어를 지속한다.

분산처리형의 경우 관제 센터는 3D 입체 공간에 대한 현 상황에서의 실시간 정보만을 모바일-인프라 기반으로 제공하고, 3D 공간 네트워크에 주행 중인 차량은 센터에서 제공된 모바일-인프라 기반의 정보를 바탕으로 타 차량의 이동 경로와 상태를 개별 차량에 내장된 모바일-차량 기반의 통신 네트워크를 통해 이동 경로를 탐색하고 최적의 상태로 목적지까지 이동하게 된다.

▲ 3D 입체공간

2차원 교통 네트워크에서는 스마트폰이 언제 어디서나 편리하게 모든 교통수단과 도로 인프라 그리고 이용자를 연계하는 교통 분야의 핵심 단말장치로 활용되기 위해 그동안 상용화된 단거리 전용통신(DSRC), **광대역** 통신, 4G/LTE, 5G 등의 무선통신 기술 및 DMB 등 디지털방송 기술을 융합한다. 또한, 이용자의 스마트폰에는 차량-도로 간 정보를 상호 유기적으로 연계하여 목적지까지 안전하고 편리한 최적의 경로로 도착할 수 있도록 하는 소위 개인 통행 비서라 불리는 스마트통행계획

광대역
음성 대역 통신로보다 큰 대역폭을 갖는 통신로. 주파수 분할 다중화 기법을 이용해 하나의 전송 매체에 여러 개의 데이터 채널을 제공

(Smart Trip Planner) 서비스를 제공한다. 이 차량-ICT 애플리케이션이 자동차와 융합된 서비스로 제공되기 위해서는 스마트폰과 차량이 인터페이스 하기 위한 유무선 통신 기반의 정보 전달 표준 **프로토콜**이 필수적이다. 이 서비스는 차량 운전 시 모바일 기기를 통해 사고 정보, 혼잡 정보 등의 교통 정보를 그리고 차량 상태의 모니터링을 통해 차량 정보를 제공한다. 또한, 대중교통 이용이나 보행 이동 시에는 모바일 기기를 통해 버스 정보, 주변 안내 정보, 영화·게임 등의 정보를 제공한다. 이러한 종합 멀티미디어 서비스의 실용화를 위해서는 다양한 종류의 차량과 모바일 기기를 수용하는 정보 인터페이스 표준이 필요하다.

프로토콜
컴퓨터와 컴퓨터 사이, 또는 한 장치와 다른 장치 사이에서 데이터를 원활히 주고받기 위하여 약속한 여러 가지 규약

> 2007년 미국에서 수행된 'Designing the Future'라는 제목의 VENUS Project 책임자 Jacque Frescc는 미래 사회는 화폐 기반의 사회에서 자원 기반의 사회로 전환된다고 예측한다.

자원 기반 사회에서 경제활동의 매체는 화폐에서 자원으로 전환된다. 그리고 모든 사회구성원의 삶의 질을 골고루 향상하는 데에 자원이 이용된다. 이러한 자원 사회의 핵심적인 요소는 에너지이다. 사회구성원 일 인당 **가용**한 에너지의 양이 자원 사회를 평가하는 **척도**로 작용함과 동시에 얼마만큼의 **청정에너지** 자원을 확보할 수 있는가가 구성원이 사는 도시의 미래 사회 전환에 필수적이다. 이처럼 중요한 청정에너지의 확보가 신기술을 통해 가능해지면서 우리가 사는 도시는 새로운 구조와 삶의 형태로 진화해가고 있다. 그리고 사회구성원의 삶

가용
사용할 수 있음

척도
평가하거나 측정할 때 의거할 기준

청정에너지
오염 물질이 잘 발생하지 않는 맑고 깨끗한 에너지

도태
여럿 중에서 불필요하거나 부적당한 것을 줄여 없앰

에서 불필요하거나 불합리한 요소들은 자연스럽게 **도태**되어 가고 있다. 즉, 시설물, 도로 체계, 교통, 건물 등 기존의 도시 인프라 역시 사회 흐름에 맞추어 에너지 효율을 극대화하면서 문화, 예술, 교육 등 삶의 수준을 높일 수 있는 방향으로 바뀌고 있다.

도시 구조는 이러한 변화에 따라 다차원 원형 도시(Multi-dimensional Circular City)로 바뀌고 있다. 다시 말해 도시 인프라가 주거 공간, 문화 시설, 체육 공간, 교육 시설 등 모든 생활 필수 기능이 제공되는 집약형 시설 인프라(Total Enclosure Infrastructure)로 전환되고 있다.

다차원 원형 도시의 집약형 시설 구조하에서 대표적인 공간은 앞 장에서 잠깐 언급했던 대로 소위 **Skyscraper**라고 일컫는 초고층 복합빌딩이다. 이것은 주변의 다른 건물이나 지상으로 효율적인 공간 이동이 가능하도록 수직/수평 수송 체계를 갖추고 있다. 초고층 빌딩에서 수직 공간 이동수단으로 이용되어 온 여러 형태의 엘리베이터, 에스컬레이터, 컨베이어 등은 수직 및 수평 3차원 공간 이동이 동시에 가능하도록 자유도가 추가되고 건물 외곽 등 다양한 위치에 설치될 수 있게 설계된다.

Skyscraper(마천루)
과밀한 도시에서 토지의 고도 이용이라는 측면에서 만들어진 주로 사무실용의 고층 건물

▼ 엘리베이터 ▼ 에스컬레이터 ▼ 컨베이어

특히 대형 이동수단인 기차나 선박, 혹은 대중교통수단들은 특정 정류소나 지역에 정차하지 않고 움직이는 **모함**의 개념으로 바뀔 것이다. 그리하여 이동하는 동안 개인 수송수단들이 모함에 접속하여 장거리 이동을 한 후, 이동을 마치면 이탈하여 자신의 목적지까지 이동하는 형태의 교통 체계가 될 것이다. 이는 3차원으로 수직 공간 이동이 이루어지는 수송 체계에서도 유사한 개념으로 구축될 수 있을 것으로 전망된다. 이를 위해 최근 수직이착륙 차량(VTOL)과 지상 주행 및 공간비행 자율 차량 등이 개발되고 있다.

모함
항공기나 잠수함 따위의 이동 기지 역할을 하는 군함

> 한편, VENUS Project는 초고층 복합빌딩과 궤를 같이하는 3차원 수송 체계에 대하여 다음과 같은 방향을 제시하고 있다. 중앙 컨트롤 센터에서 3차원 공간상에 존재하는 개별 이동 수단들의 전체적인 통신과 이동 제어가 가능하도록 시스템이 구축되어야 한다는 것이다. 또한, 개별 차량은 모바일 통신 기반의 이동제어가 가능하도록 구성되어야 한다고 지적하고 있다.

교통 체계 전문가들은 이처럼 초고층 **복합**빌딩에서 주변의 다른 초고층 복합빌딩 혹은 지상으로 효율적인 공간 이동이 가능하도록 하는 수직/수평 수송 체계를 3D 교통 네트워크를 실현할 수 있는 예시로 제안하고 있다. 즉, 지상과 공중을 연결하는 수송/교통 체계에 컴퓨터로 운영/제어되는 시스템이 적용되고, 기존의 고가 도로나 **케이블카** 등 물리적인 인프라와 항공 수송을 중심으로 하는 장거리 고속 수송에는 진공 튜브나 신개념의 교량 및 터널 등으로 대체될 것으로 예측하는 것이다. 이 경우 차량은 다양한 수직이착륙 차량으로 발전하

복합
두 가지 이상이 하나로 합침

거나 자기장 진공 튜브를 운행할 수 있는 무가선 모노레일 형태로 진화할 것이다. 여기서 건물의 출발지점과 도착지점은 **동적** 수송에 따라 수직 및 수평으로 이동이 가능하도록 자유도 3 기반하에 운영·제어될 수 있다.

교통네트워크 장기적으로 **다차원** 원형 도시 내의 초고층 복합건물 간의 교통 네트워크는 앞서 말한 3차원 공간 이동 진공 튜브나 공간 교량 및 터널 등 인프라 구조물이 존재하지 않는 차량-ICT 및 인프라 융합 통신 네트워크 기반의 공간 구조로 구현될 수 있다. 이렇게 되면 도심지에 있는 초대형 복합빌딩 간에 복잡한 3차원 공간 교통 네트워크가 형성되어 중앙집중형 운영 및 제어 체계를 기반으로 서비스가 이루어진다.

미래 3차원 공간상의 이동에는 결국 자유도 2의 개념으로 수송 네트워크 및 인프라의 통합제어가 이루어지면서 막힘없고 사고 없는 이동이 가능해진다. 이러한 3차원 공간의 통합제어 기반하에 개인의 이동의 자유는 제한된 형태, 즉 자유도 3이 아닌 자유도 2로 주어질 것이다. 주어진 공간상의 도로 인프라에서 주어진 방법에 따른 통합 수송 네트워크의 초연결 **기반**하에 허가된 공간 이동체가 움직일 것이다. 2050년 우리 서울의 모습으로 상상해보자.

동적
움직이는 성격

다차원
여러 개의 상호 독립적인 차원을 통합적으로 고려하는 경우

기반
기초가 되는 바탕

▶ 모노레일

가까운 미래 우리가 누릴 이동의 자유

　서울 광화문에 위치한 각자 다른 회사에 근무하는 3명의 샐러리맨 김 대리와 이 과장, 그리고 박 부장이 주중 업무 일정에 따라 이동하는 모습을 그려보자. 이를 통해 2030년 어느 평일, 세 사람이 누리는 이동의 자유를 상상해 본다.

　30대 중반의 김 대리는 오전에 정상적으로 출근한 후 내부 회의, 고객과 외부 식당에서 오찬, 오후에 외부 협력 기관과의 회의 후 다시 사무실로 복귀, 퇴근 후 친구들과 회식 후 귀가 등 바쁜 일정을 보내야 한다. 집은 사당동에 있으며 매일 출퇴근을 한다. 오늘 점심 약속은 회사 근처에서 있고 오후에 방문할 협력 기관은 강남구에 있다.

　40대 중반의 이 과장은 집이 일산에 있으며 오전에 과천 정부 부처 회의에 참석하고 오찬을 한 후 오후에 회사로 복귀하고 저녁에 야근 회의를 진행해야 하는 일정이다.

50대 중반인 박 부장의 집은 분당에 있다. 박 부장은 오전에 회사에서 간부 회의에 참석하고 오찬 후 인천에 있는 협력회사 제작품 시연회에 다녀온 후 회사에 복귀하고, 저녁에 회사 근처에서 부처 회식 일정이 있다.

이 과장과 박 부장은 기혼으로 자가용을 소유하고 있지만 미혼인 김 대리는 아직 자가용을 구매하지 않았다.

김 대리는 아침에 출근 준비를 하면서 지난 밤 스마트폰에 들어있는 똑똑한 통행비서인 트립 플래너(Trip Planner)에게 자신의 금일 일정을 입력한 후 안내받은 통행 예약 정보를 재확인한다. 김 대리는 지하철 4호선을 타고 광화문에 있는 사옥까지 정상적으로 출근하기 위해 지하철역까지 1.5km(도보로 약 20분)를 걸어가거나 우버를 부를 계획이었다. 그러나 동일한 시간대에 같은 수요가 여럿 발생하면서 전기차 자율주행 셔틀버스인 마을버스가 7시 30분에 준비되었다는 통보를 받고는 예약을 확정한다. 지하철에서 내려 약 2km 거리에 있는 회사까지는 회사에서 직원들을 위해 **라스트 마일** 서비스로 제공하는 전기 자율주행 셔틀로 도착하는데, 이러한 셔틀에는 운전자가 없다.

보통 봄, 가을에는 2~3km 거리의 라스트 마일에 접근할 때 주로 걷거나 공유자전거를 이용한다. 그러나 미세먼지나 황사가 발생한 날, 비 오는 날, 겨울 혹은 여름과 같이 외부 기후가 악조건일 때는 도보를 선택할 수 없으므로 자가 차가 없는 김 대리에게 자율주행 셔틀은 더없이 편리하고 고마운 수단이다.

김 대리는 출근과 더불어 내부 회의를 한 후 고객과

> **라스트 마일**
> 가정이나 회사로 통하는 마지막 1마일 내외의 상대적으로 짧은 구간

의 점심 식사를 위해 식당으로 이동한다. 약속 장소가 회사 주변이므로 당연히 걷는다. 만나는 고객도 대중교통으로 이동한다고 한다. 이 식당은 전기차를 가진 고객에게만 식사 시간 동안 충전 주차 서비스를 제공하기 때문이다. 식사 후에는 지하철을 통해 강남으로 이동해서 협력 기관과 회의를 진행하고 다시 지하철을 타고 사무실로 복귀한다. 김 대리는 퇴근 후 친구들과의 회식 자리로 이동하기 위해 시내버스나 전기차 카셰어링을 이용한다. 식사와 술 한잔을 하고 게임 등을 즐긴 다음 밤늦게 우버를 불러 사당동 집으로 향한다. 지하철로 이동한 후 집까지 걸어가는 방법도 있지만 조금 더 편리한 방법을 선택한 것이다.

만약 김 대리가 자가용을 소유하고 있어 오늘의 일정에 자가용을 이용했다고 가정해보자. 오전에 출근 시 사당동에서 광화문까지 교통 혼잡을 겪을 것이고, 회사나 그 주변 주차장의 자리 확보를 위해 시간을 소비하고 비용을 감당해야 할 것이다. 오후 일정에 차를 이용할 경우 유사한 문제가 반복적으로 발생하는 상황이 이어질 것이고, 특히 저녁에 회식을 한 후에는 대리기사를 불러야 귀가할 수 있을 것이다. 여기서 김 대리가 출퇴근 및 업무용으로 자가용을 소유할 필요가 있나 하는 질문을 던질 수 있다. 개인별로 느끼는 차이는 있겠지만 이동에 드는 비용과 시간, 편리성, 그리고 친환경 요소인 **에코** 척도를 고려할 때 어느 것이 더 이동의 자유를 제공하는지는 김 대리가 더 잘 알 것이다.

김 대리는 10년 뒤인 2040년에는 자신의 **벤처 사업**을

에코
그리스 신화에 나오는 숲의 요정을 뜻하며, 친환경의 의미로 사용

벤처 사업
위험을 무릅쓰고 새로운 영역을 개척해 가는 사업 영역

창업할 계획으로, 2030년 현시점보다 훨씬 바쁜 비즈니스 활동을 준비하고 있어 다른 방법으로 이동의 자유를 누릴 준비를 하고 있다. 수직이착륙(VTOL)이 가능하고 자율주행 Level 4 기능을 갖춘 친환경 전기차를 공유 개념으로 구매하여 공중과 지상 모두에서 언제 어디서나 원하는 시간에 필요한 만큼 이용할 수 있는 자신의 승용차로 등록할 계획이다.

이 과장의 경우를 보자. 40대 중반의 이 과장은 오전에 일산에 있는 집에서 과천청사로 이동해 회의에 참석하고 오찬을 한다. 오후에 광화문에 있는 회사로 복귀한 후 저녁에는 야근 회의를 진행하고 다시 일산 집으로 돌아온다. 일산에서 과천까지 이동하는 방법에는 여러 가지가 있다. 차를 운전해서 외곽순환고속도로를 통해 이동하는 방법과 지하철 3호선과 4호선을 연결해서 가는 방법, 그리고 같은 날 동일한 시간대에 일산-과천 간 이동 수요가 다중으로 요청될 경우 수요 대응형(On-Demand) 전세버스 예약을 이용하는 방법이 있다. 시간 척도를 고려하면 일산-과천 간 이동에는 단연 자가용 운전이 우선적으로 선택될 것이다.

그러나 오후에 다시 광화문에 있는 회사로 복귀하고 야근 회의 후 집으로 오는 일정 전체를 고려하면 선택의 **척도**는 달라진다. 온종일 자가용을 가지고 이동하는 비용과 피로도를 고려해야 하는 것이다. 여기에 자가용을 이용할 경우 과천에서 회사에 복귀하고 야근을 한 후에 집으로 향하는 일정에 더해 대중교통, 우버, 카셰어링, 자율주행 셔틀 등 다양한 수단을 선택할 기회가

척도
평가하거나 측정할 때 의거할 기준

사라지는 것까지도 고려할 사항이다. 물론 무엇이 더 많은 이동의 자유를 제공할 수 있을지는 이 과장이 그 날의 이동수단 선택을 위한 척도에 어떤 식으로 **가중치**를 부여하는가에 달려있다. 그러나 이 과장은 가능한 한 주중에는 승용차 이용을 자제하고 대중교통과 공유교통을 더 많이 활용한다. 지금 소유하고 있는 Level 2 정도의 자율주행 기능만 있는 자가용은 주말에 집안 식구들과의 나들이에 주로 이용하고 주중에는 집에서 통학이나 쇼핑 목적으로 사용한다. 10년 뒤인 2040년, 이 과장은 아마도 이사급으로 승진할 것이고 그때쯤이면 level 3 자율주행 기능이 갖춰진 친환경 전기차가 이 과장이 가질 다음 모델의 자가용 승용차가 될 것이다. 회사에서는 바쁜 일정을 소화하기 위해 주요 이사진에게 업무용으로 제공되는 드론 카를 주로 이용할 것으로 예측된다.

박 부장의 경우 분당에 사는 회사 간부급으로 오전에 회사에서 간부 회의에 참석하고 오찬 후 인천에 있는 협력회사의 제작품 시연회에 다녀온 후 회사에 복귀한다. 저녁에는 회사 근처에서 부처 회식 후 집으로 돌아간다. 소유하고 있는 자가용은 자율주행 Level 3가 가능한 차로, 주말에 가족들과 **교외**로 나갈 때 고속도로에서 주로 자율주행 모드를 많이 사용한다.

주중 출근 시에는 분당에서 광화문까지 경부고속도로를 타기 위해 판교IC를 나가는 순간부터 상시 정체구간인 양재IC-서초IC-반포IC 그리고 한남동을 거쳐 남산 1호 터널을 지나 광화문 회사까지 거의 1시간 반 이상을 운전해야 한다. 자율주행 모드로 전환하려 해도 이

가중치
일반적으로 평균치를 산출할 때 개별치에 부여되는 중요도

교외
도시의 주변 지역

러한 상시 정체 구역과 도심지 도로상에서는 그 기능을 지속적으로 유지하는 경우 안전상의 문제 혹은 잦은 On-Off 발생을 감당해야 한다는 문제가 있어 쉽지 않다.

따라서 박 부장은 주중에 주로 **광역버스**를 이용한다. 분당에서 광화문을 직접 연결하는 광역버스에는 여러 노선이 있다. 문제는 아파트 단지에서 광역버스 타는 곳까지 이동하는 것이다. 집안 식구 중 누군가가 광역버스 정류장까지 자가용으로 데려다주는 **Kiss & Ride**를 하거나, 파리 등 세계 유명 도시에서 활성화된 초소형 전기차를 이용한 근거리 라스트 마일(Last Mile) 연결을 위한 One-way 렌터카 형태인 Autolib 서비스를 이용할 수 있다. Autolib 서비스 이용 시 아파트 단지에 충전되어 있는 초소형 전기차를 예약을 통해 **Plug-out** 해서 직접 운전해 광역버스 정류장 노변에 마련된 전용 주차장에 다시 Plug-in으로 반납하면 된다. 2030년이면 우리나라의 많은 도시에서도 이러한 서비스가 준비를 마치고 제공될 것으로 예상한다.

박 부장은 광화문에 내려 다시 동일한 초소형 전기차 Autolib를 이용해 회사에 마련된 전용 주차장에 Plug-in 하면서 출근을 마무리한다. 분당에서 광화문까지 드론카 서비스를 제공해서 경부고속도로 해당 구간을 공중 약 100~150미터 비행하면서 이동하는 서비스도 시범적으로 생기기는 했지만 아직은 비용이 상대적으로 높아 긴급회의 소집 등 비상 상황이 아니라면 선택 옵션에서 제외된다.

광역버스
대도시와 그 주변의 위성도시를 연계하기 위하여 장거리를 운행하는 형태의 버스 노선

Kiss & Ride
운전자는 내리지 않고 같이 타고 온 여행자(대중교통 이용자)만 환승을 위해 하차하는 곳

Plug-out
충전용 콘센트를 뽑는 것

박 부장은 오찬 후 회사에서 준비한 자율주행 차량을 이용하여 몇몇 간부들과 함께 인천에 있는 제작품 시연회로 향한다. 직원 한 명이 Level 3 기능으로 운전하면서 차내 간부들에게 제작품 시연회에 대한 간단한 **브리핑**을 하며 주행 중 회의를 병행한다. 시연회 후 돌아오는 길에 역시 자율주행 기능으로 주행하면서 시연회 평가를 차내 회의로 마무리한다. 저녁에 부서 회식에 참석해 직원들과 저녁 식사와 한 잔의 술을 함께하고 광역버스를 이용해 분당에 도착한 후 Kiss & Ride 혹은 예약한 자율주행 셔틀 마을버스를 타고 집으로 돌아온다. 이 경우 Autolib는 음주운전 문제로 이용이 불가하다.

> **브리핑**
> 요점을 간추린 간단한 보고나 설명. 또는 그런 보고나 설명을 위한 문서나 모임

다음날 박 부장의 이동을 위한 수단 선택은 일정에 따라 달라질 수 있다. 때로는 자가용을 온종일 이용할 수도 있다. 그러나 박 부장은 이미 주중에 자가용을 이용하는 것을 거의 포기하고 있다. 위의 방법으로 이미 이동의 자유를 얻고 있기 때문이다.

10년 뒤 현역에서 은퇴하는 박 부장이 소유할 다음 승용차의 모델은 무엇일까? 아마도 박 부장은 분당을 떠나 교외 전원주택지 혹은 남쪽 해안에 새롭게 개발되는 스마트시티로 배우자와 함께 이주하고, 이동 일정이 많지 않은 **Slow Life**를 고려하여 2인승 초소형 전기차를 선택하지 않을까. 물론 그 차에는 저속형 Level 4 자율주행 기능이 들어있어 때로는 지인들과 회식을 하거나 모임을 한 후 돌아올 때 직접 운전을 하지 않아도 집까지 안전하게 이동하는 자유를 누릴 수 있을 것이다.

> **Slow Life**
> '빨리빨리'를 외치던 것에서 벗어나 느림의 미덕을 인정하는 삶의 방식

세 명의 샐러리맨이 수행하는 주중 업무 일정에 있어

▶ 미래자동차

서 어떤 방법이 더 많은 이동의 자유를 보장할지는 각자가 자신의 일정에 따른 수단 선택의 척도를 어떻게 결정하는가에 달려 있다. 그러나 서울과 고양시(일산), 성남시(분당) 등 위의 세 명이 거주하고 일하는 도시에서 자가용 수요를 줄이면서 대중교통과 친환경 교통, 카셰어링 등으로의 전환을 유도하는 정책을 어떻게 제시하는지 역시 이동의 자유를 좌우하고 이들의 선택을 이끄는 중요한 요소이다.

정부나 지방자치 시에서 제시하는 하향식(Top-down) 정책과 개인이 자신의 효과 척도를 고려하는 상향식(Bottom-up) 선택 결정이 만나는 접점이 바로 교통 체계의 효율성과 안전성, 친환경성이 극대화되어 스마트 모빌리티가 구현되는 지점이다. 여기서 모든 시민은 누구나 자신만의 방법으로 이동의 자유를 마음껏 누리게 된다. 이것이 바로 우리가 추구하는 진정한 이동의 자유이다.

약어 정리

- 3차원: 3-Dimension(3D)
- 간선 급행버스 체계: Bus Rapid Transit(BRT)
- 개인 비행 차량: Personal Air Vehicle(PAV)
- 경제협력개발기구: Organization for Economic Cooperation and Development(OECD)
- 공간평균속도: Space Mean Speed(SMS)
- 교통 수요 관리: Transportation Demand Management(TDM)
- 교통안전청: National Highway Traffic Safety Administration(NHTSA)
- 국제전자제품박람회: International Consumer Electronics Show(CES)
- 국제표준위원회 ITS 기술위원회: International Standard Organization / Technical Committee 204(ISO/TC204)
- 근거리 전용 통신: Dedicated Short Range Communication(DSRC)
- 기종점: Origin/Destination(O/D)
- 모빌리티 통합 서비스: Mobility as a Service(MaaS)
- 미국 교통부: United States Department of Transportation(USDOT)
- 사물인터넷: Internet of Things(IoT)
- 사회간접자본: Social Overhead Capital(SOC) – 사회 기반 인프라 개념으로 공용
- 수직이착륙: Vertical Take-off and Landing(VTOL)
- 순항 제어: Cruise Control(CC)
- 시간 평균속도: Time Mean Speed(TMS)
- 연구 개발: Research & Development(R&D)
- 연합전략실: Joint Program Office(JPO)
- 위성항법 장치: Global Positioning System(GPS) – 위성 위치 확인 시스템
- 인공지능: Artificial Intelligence(AI)
- 인지 반응 시간: Perception & Reaction Time(PRT)
- 자동차공학회: Society of Automotive Engineers(SAE)
- 자유도: Degree of Freedom(DoF)
- 자율주행 기반 ITS: Automated ITS(A-ITS)
- 자율주행 차량: Automated Vehicle(AV)
- 적응형 순항제어: Adaptive Cruise Control(ACC)
- 정보통신 기술: Information & Communication Technology(ICT)

- 주차 후 대중교통 환승: Park & Ride(P&R)
- 중심상업지구: Central Business District(CBD)
- 지능형 교통 전용 통신: Wireless Access for Vehicular Environment(WAVE)
- 지능형 교통 체계: Intelligent Transport Systems(ITS)
- 차량 정보통신 연계: Vehicle & ICT(V-ICT)
- 차량 초연결성: Vehicle to Any Device Connectivity(V2X)
- 차량-네트워크 연결: Vehicle to Network(V2N)
- 차량-도로 연결: Vehicle to Infrastructure(V2I)
- 차량-차량 연결: Vehicle to Vehicle(V2V)
- 차세대 지능형 교통 체계: Cooperative ITS(C-ITS)
- 첨단운전지원장치: Advanced Driving Assistant System(ADAS)
- 키스 후 대중교통 환승: Kiss & Ride(K&R)
- 통신 연결 차량: Connected Vehicle(CV)
- 통행료 전자 지불: Electronic Toll Collection(ETC)
- 한국교통연구원: The Korea Transport Institute(KOTI)
- 해안지역 급행 교통망: Bay Area Rapid Transit(BART) – 샌프란시스코 간선 급행철도
- 효과 척도: Measure of Effectiveness(MoE)

참고문헌

연구보고서

- 문영준 외, 「ICT 융복합 기반 국가교통 기술 혁신 중장기 과제 발굴」, 한국교통연구원, 2015
- 문영준 외, 「ICT 융합 기반 교통 시스템 혁신 방안」, 한국교통연구원, 2013
- 문영준 외, 「ITS 운영 기반 교통모형 개선 연구」, 한국교통연구원, 2013
- 문영준 외, 「IT-차량 기술 융합형 The Fully Networked Car 기반 교통 체계 구축」, 한국교통연구원, 2009
- 문영준 외, 「녹색 교통 시스템 국제표준화 전략 연구」, 한국교통연구원, 2011
- 문영준 외, 「미래교통을 주도하는 3대 구상: 모바일-IT 기반 3차원 교통 네트워크」, 한국교통연구원, 2010
- 문영준, 「비신호 교차로 전 방향 정지제어 도입 타당성 분석」, 한국교통연구원, 2001
- 문영준 외, 「차량 자동인식(AVI) 및 전자등록인식(ERI) 국제표준의 국내적용방안 연구」, 2006
- 문영준 외, 「텔레매틱스 시대를 대비한 첨단 교통 정보 서비스 체계화 방안 연구」, 2003

언론 기고

- 문영준, "4차 산업혁명, 스마트도로가 이끈다", 디지털타임스, 2016. 8. 20
- 문영준, "4차 산업혁명과 스마트 모빌리티", KBS 제1라디오 경제세미나, 2017. 9. 26
- 문영준, "SOC, '디지털 인프라 정보' 필요하다", 디지털타임스, 2016. 12. 21
- 문영준, "'SOC 스마트 건설'은 일자리 창출 보고", 디지털타임스, 2017. 5. 17
- 문영준, "'도심형 자율주행 전기차' 몰려온다", 디지털타임스, 2017. 2. 21
- 문영준, "도심형 자율주행 전기버스가 온다", 디지털타임스, 2018. 3. 21
- 문영준, "스마트시티, '모빌리티'가 핵심이다", 디지털타임스, 2018. 2. 14
- 문영준, "일상에 다가온 '스마트 모빌리티' 세상", 디지털타임스, 2017. 7. 13
- 문영준, "자율 차, 도로 수용성 문제 선결돼야", 디지털타임스, 2017. 9. 7
- 문영준, "자율주행, 운전 문화도 달라져야 한다", 디지털타임스, 2017. 11. 16
- 문영준, "자율 차 회전 교차로 통행 문제 풀어야", 디지털타임스, 2017. 12. 27
- 문영준, "자율 차 초연결 지원 5G 수용성이 핵심", 디지털타임스, 2018. 5. 2
- 문영준, "졸음운전 사고, 디지털 인프라로 해결하자", 전자신문, 2017. 8. 4
- 문영준, "차량 V2X(초연결성) 위한 전용망과 이동망의 공존 경쟁", 전자신문, 2017. 4. 18

이동의 자유
자율주행 혁명

발 행 일	2019년 1월 1일 초판 1쇄 인쇄
	2019년 1월 10일 초판 1쇄 발행
저 자	문영준
발 행 처	
	http://www.crownbook.com
발 행 인	이상원
신고번호	제 300-2007-143호
주 소	서울시 종로구 율곡로13길 21
대표전화	02) 745-0311~3
팩 스	02) 766-3000
홈페이지	www.crownbook.com
I S B N	978-89-406-3594-0 / 03560

특별판매정가 17,000원

이 도서의 판권은 크라운출판사에 있으며, 수록된 내용은 무단으로 복제, 변형하여 사용할 수 없습니다.
Copyright CROWN, ⓒ 2019 Printed in Korea

이 도서의 문의를 편집부(02-6430-7012)로 연락주시면 친절하게 응답해 드립니다.